Altes und Neues über Karl Stülpner

Mit Benutzung der Schönberg'schen Aufzeichnungen

Hermann Lungwitz

Alpha Editions

This edition published in 2022

ISBN : 9789356712416

Design and Setting By
Alpha Editions
www.alphaedis.com
Email - info@alphaedis.com

Altes und Neues über Karl Stülpner mit Benutzung der Schönberg'schen Aufzeichnungen

By Hermann Lungwitz

Unter den verschiedenen Schriften, die im Laufe der Zeit über den berühmten und berüchtigten Raubschützen des Obererzgebirges Karl Stülpner erschienen sind, kann, soviel mir bekannt ist, nur eine einzige Schrift berechtigte Ansprüche auf Glaubwürdigkeit machen, das ist das Werk von Karl Heinrich Wilhelm Schönberg. Wie es auf dem Titel heißt, hat Stülpner selbst dem Verfasser seine Erlebnisse der Wahrheit getreu mitgeteilt und sind dieselben von genanntem Schönberg aufgezeichnet worden. Das Büchlein, welches im Jahre 1835 gedruckt wurde, ist gar nicht im Buchhandel erschienen, sondern auf dem Wege der Subskription vertrieben worden, der Ertrag floß, wie aus dem Vorwort hervorgeht, dem alten und erwerbsunfähigen Stülpner zu. Die Schönbergsche Schrift ist äußerst selten noch zu finden, in den Bibliotheken der Nachbarstädte gar nicht vorhanden, ich habe sie nur durch die Güte des Herrn Oberbibliothekar der Königlichen öffentlichen Bibliothek zu Dresden erhalten können. In folgenden Mitteilungen werde ich mich hauptsächlich an das Gegebene des erwähnten Büchleins halten und gleichzeitig glaubhafte mündliche Ueberlieferungen mit verwerten. Erwarte aber der freundliche Leser keinen Roman, in welchem doch Wahrheit und Dichtung gemischt sind, es werden hier nur die Thatsachen erzählt, wie sie in der Wirklichkeit stattgefunden haben.

Dort, wo am Fuße des steilen Schloßberges zu Scharfenstein eine verdeckte Brücke über die wild dahinrauschende Zschopau führte, stand vor noch nicht allzulanger Zeit ein bescheidenes Häuschen, in welchem Karl Stülpner am 30. September 1762 früh 4 Uhr, wie es im Großolbersdorfer Kirchenbuche verzeichnet steht, das Licht der Welt erblickte. Sein Vater war von Profession ein Müller, hatte als Soldat im churfürstlich sächsischen Leibkürassier-Regimente gedient und nach erhaltenem ehrenvollen Abschied die Tochter des herrschaftlichen Försters Schubert geheiratet. Da der Vater Stülpners kein hinlängliches Vermögen besaß, selbst eine Mühle zu kaufen oder auch nur eine erpachten zu können, so sah er sich genötigt, als Knappe in den Mühlen der Umgegend sein tägliches Brot zu verdienen. Später folgte er seiner Neigung zur Gärtnerei, kaufte das erwähnte Häuschen und legte einen Gemüsegarten an.

Noch nicht 10 Tage alt, schwebte Karl in ernster Lebensgefahr. Es waren die Zeiten des verhängnisvollen siebenjährigen Krieges. Ein Trupp preußischer schwarzer Husaren durchzog die Gegend, beim Anbruch der Nacht drangen einige in Stülpners Wohnung ein und zwangen die Frau, da ihr Mann auf Arbeit gegangen war, trotz ihres Flehens zum Führerdienst nach Zschopau. Nicht einmal so viel Zeit ließen die Soldaten ihr, um das Kind der Obhut einer Nachbarin während ihrer Abwesenheit anvertrauen zu können. Mit klopfendem Herzen kehrte nach einigen Stunden die besorgte Mutter von ihrem beschwerlichen Wege zurück, zum Glück noch rechtzeitig genug, um ihren kleinen Karl vom Erstickungstod zu erretten. In ihrer Abwesenheit hatte sich das zum Trocknen auf den Ofen gelegte Reisholz entzündet und einen erstickenden Qualm in der Stube verbreitet.

Karl wuchs im Laufe der Zeit gesund und kräftig auf, mehr unter der Aufsicht der Mutter als unter der des Vaters, welcher auswärts arbeitend sich leider wenig um die Erziehung des Knaben kümmern konnte. Als Karl schulpflichtig geworden war, besucht er, da damals Scharfenstein noch keine eigene Schule besaß, die ungefähr eine halbe Stunde entfernte Schule zu Großolbersdorf. Schon damals soll er sich durch Mut und tolle Streiche vor allen seinen Mitschülern ausgezeichnet haben. Als er das achte Jahr erreicht hatte, starb sein Vater, noch im besten Mannesalter stehend, an den Folgen einer Brustentzündung. Karl war noch zu klein, um die Schwere des Verlustes zu empfinden; er tröstete sich bald wieder. Schon in diesem Alter konnte man an ihm einen unwiderstehlichen Drang, in den dichten Waldungen der Umgegend umherzustreifen, wahrnehmen; seine Jagdlust erstreckte sich auf das Erbeuten von allerhand Vögeln, Eichhörnchen etc. Eine alte Flinte, die er sich zu verschaffen gewußt hatte, galt ihm geradezu als Heiligtum. Er war neun Jahre alt, als ihn sein Anverwandter, der Förster Müller in Ehrenfriedersdorf, zu sich nahm und ihm unter anderem auch die Besorgung des Vogelherdes übertrug. Es wird berichtet, daß er sich dieses Auftrages mit größerer Gewissenhaftigkeit entledigte, als des des Lösens seiner Schulaufgaben.

Eines Tages ging beim Förster der Auftrag ein, einen Rehbock in die herrschaftliche Küche zu liefern, und da der Oheim gerade abwesend war, bemächtigte sich Karl, trotz des strengen Verbotes, eines Gewehres, ging in den Wald und schoß, da er den Wechsel schon längst ausgekundschaftet hatte, das befohlene Wild. Ein Holzhacker mußte auf Bitten des jugendlichen Waidmannes die erlegte Beute zur Försterwohnung tragen. Unterdessen war der Förster zurückgekehrt und eine tüchtige Züchtigung sollte als Lohn dem Ungehorsam folgen, doch nahm sich der ebenfalls anwesende Stollberger Förster des jungen Schützen an. Er belehrte Karl über die Handhabung des Gewehres und schenkte ihm obendrein einen Gulden, wodurch seine Jagdlust nur noch mehr angespornt wurde.

Nach Verlauf einiger Zeit kehrte Karl auf dringenden Wunsch seiner Mutter nach Scharfenstein zurück. In diese Zeit, das sind die Jahre 1771 und 1772, fällt die große Teuerung, die namentlich unser Erzgebirge hart traf. Während des Winters rückte der zehnjährige Bursche auf einem Handschlitten Holz an die Zschopau und verdiente auf diese Weise einige Groschen, knapp genug jedoch mag es trotzdem im Haushalte der Mutter Stülpner zugegangen sein. Auch nach seiner Konfirmation, welche in der Kirche zu Großolbersdorf erfolgte, blieb Karl in der Behausung seiner Mutter und suchte durch allerhand für ihn passende Arbeiten sich und seiner Mutter, an der er schon damals mit wahrhaft kindlicher Liebe hing, den täglichen Unterhalt zu erschwingen. Seine Jagdleidenschaft wuchs mit den Jahren und mit seiner Körperstärke, im Schießen hatte er sich eine solche Treffsicherheit angeeignet, daß man ihn deshalb zu den Jagden, welche in den umliegenden Forsten stattfanden, hinzuzog.

Inzwischen war der bayrische Erbfolgekrieg ausgebrochen, man brauchte Soldaten und der noch nicht sechzehnjährige Stülpner ward als Trainsoldat ausgehoben, darauf nach Dresden zu seinem Regiment beordert. Zwar schmerzte den jungen Rekruten der Abschied von den heimatlichen Bergen, die Trennung von der geliebten Mutter, deren Ernährer er bisher gewesen war, doch sehnte sich auch sein reger Sinn nach neuer Thätigkeit und hoffte er in seinem neuen Berufe hinlängliche Befriedigung seiner Leidenschaft nach Gewehr und Jagd zu finden. In seiner Garnison angelangt, ließen ihn Gewandtheit und Stärke seines wohlgebauten und abgehärteten Körpers bald alle Hindernisse des Rekrutenstandes mit leichter Mühe überwinden, in kurzer Zeit war er ein tüchtiger Soldat. Ehrgefühl, Rechtschaffenheit und strenge Ordnungsliebe gesellten sich zu Stülpners körperlichen Vorzügen, wodurch er sich die Liebe und das Vertrauen seiner Kriegskameraden, sowie das Lob seiner Vorgesetzten erwarb.

Nach dem Friedensschluß dieses unblutig verlaufenen Krieges entließen die Regimenter die überzähligen Mannschaften, auch Stülpner forderte und erhielt namentlich auf Bitten seiner nach Dresden gekommenen Mutter von seinem Rittmeister Zirkel den Abschied. Er kehrte nach Scharfenstein zurück und suchte, wie schon früher, durch Handarbeiten für sich und seine Mutter das tägliche Brot zu verdienen. Aber auch die Leidenschaft zur Jagd war in ihm nicht erloschen, er fröhnte ihr mehr denn zuvor und überschritt jetzt schon häufig die ihm angewiesenen Grenzen.

Die Zeiten der gewaltsamen Werbungen waren zwar in Sachsen vorüber, an dessen Stelle jedoch eine Verordnung getreten, nach welcher einer jeden Garnison ein gewisser Bezirk angewiesen war, woraus die alljährlich zu ergänzende Mannschaft ausgehoben werden sollte. Darüber ob die jungen Leute als entbehrlich oder unentbehrlich zu erachten seien, hatte die obrigkeitliche Behörde zu entscheiden. Leider soll es häufig vorgekommen sein, daß ein goldner Händedruck den Sohn eines wohlhabenden Bürgers oder Landmanns als unentbehrlich im Hause erscheinen ließ, während ein armer Schlucker zum Militärdienst gepreßt wurde. Stülpner scheint mit dem damaligen Inspektor G. in Thum nicht gerade auf freundschaftlichem Fuße gestanden zu haben, denn kaum war er ein Vierteljahr aus seiner Garnison zurückgekehrt, als er bei Nacht und Nebel von einem Kommando des Regiments Prinz Maximilian in seiner Wohnung aufgesucht und zu abermaliger Dienstleistung nach Chemnitz abgeholt wurde. Stülpner wollte sich anfangs nicht fügen und als der das Kommando befehligende Unteroffizier eine drohende Bewegung mit seinem Haselstock machte, griff Karl nach seiner an der Wand hängenden scharf geladenen Büchse und schrie mit donnernder Stimme: »Den Stock weg, oder ich werde mir Ruhe verschaffen. Auf wessen Befehl werde ich als Rekrut abgeholt?« Der Unteroffizier zeigte die schriftliche Anweisung des Gerichtsdirektors vor, worauf Stülpner antwortete: »Wenn der Gerichtsdirektor mich für entbehrlich hält, mag er auch die Sorge für meine Mutter übernehmen.« Schnell ordnete er so gut es ging die häuslichen Angelegenheiten, nahm von der jammernden Mutter Abschied und folgte willig dem Kommando nach Chemnitz. Der Hauptmann der Kompagnie von Gundermann war bald mit dem neuen Soldaten zufrieden, da derselbe ebenfalls wie in Dresden durch strenge Pflichterfüllung sich die Freundschaft seiner Kameraden und die Gunst seiner Vorgesetzten zu erwerben wußte. Dem wilden Treiben der Soldaten in den Freistunden blieb der jetzt achtzehnjährige Stülpner fern, er durchstreifte unterdessen die freie Natur und beschäftigte sich mit seinem Lieblingsgedanken der Jagd.

Graf Brühl, welcher das Chemnitzer Regiment kommandierte, sowie viele seiner Offiziere waren leidenschaftliche Jäger und hatten zu ihrem Vergnügen ein Revier in der Nähe der Stadt erpachtet. Bald wurde man auf Stülpners Talent als eines vortrefflichen Schützen aufmerksam, man nahm ihn deshalb mit auf die Jagden, ja gab ihm den Auftrag, allein das Revier zu begehen, um die Küchen der Herren Offiziere mit Wildpret zu versorgen. Mit gewohnter Pünktlichkeit und was sich voraussetzen läßt, mit großer Lust und Liebe unterzog sich Stülpner dieses Auftrages, es wird ihm nachgerühmt, daß noch nie die Offizierstafeln so reich mit Wild besetzt waren, als zu jener Zeit. Dabei achtete unser Held gar wenig auf die Grenzen des Reviers, er schoß einfach das Wild, wo er es traf. Der Landmann erblickte in dem Verminderer des außerordentlich reichen Wildstandes seinen Wohlthäter, nur zu oft war es ja vorgekommen, daß in einer einzigen Nacht die anstehende Ernte von einem Rudel Hirsche vollständig vernichtet wurde. In dem wunderlichen Kopf Stülpners hatten sich über die Jagdgesetze schon damals ganz eigene Prinzipien festgesetzt, von welchen er sich trotz seines ausgesprochenen Gefühles für Recht nicht hat abbringen lassen, er hielt nämlich die in der freien Natur lebenden Tiere, da sie ihre Nahrung selbst suchen und keine bestimmte Grenzen für ihren Aufenthaltsort haben, für Eigentum eines jeden Menschen.

Stülpner befand sich als Soldat in Chemnitz besser als die Mehrzahl seiner Waffenbrüder, denn infolge der Ausübung seiner Jagdpflicht wurden ihm mehr Freiheiten als den übrigen Soldaten gestattet, außerdem erhielt er manches schöne Trinkgeld beim Abliefern des erlegten Wildes. Getreulich teilte Karl die Brosamen, die von seines Oberen Tische fielen mit seiner armen Mutter und überhob dieselbe so mancher bitteren Nahrungssorge. Auch Urlaub zur Reise in die Heimat wurde ihm öfter gewährt, und nie kehrte er in seine Garnison zurück, ohne irgend ein erlegtes Wild abliefern zu können. Die Nachbarn und Bekannten wußten wohl um Stülpners verbotenes Treiben, verrieten jedoch nichts, er säuberte ja die Fluren von dem lästigen Wild, außerdem war er ein von Alt und Jung wohlgelittener Geselle. Selbst die Forstbediensteten schienen anfänglich wenigstens von Stülpners Treiben keine Notiz zu nehmen, nur als er immer dreister wurde, ließ man ihm wohlgemeinte Warnungen zugehen, die Stülpner jedoch verlachte. Schlau und vorsichtig, wie er zu Werke ging, obendrein mit allen Schlupfwinkeln der Gegend vertraut, war es keinem Förster bisher möglich gewesen, irgend welchen greifbaren Beweis von Stülpners Jagdfrevel zu bekommen. Doch die Klagen häuften sich und drangen bis zu den Ohren der Vorgesetzten seines Regiments, die, um allen unliebsamen Erörterungen aus dem Wege zu gehen, ihn nach Zschopau unter die daselbst stehenden Grenadiere versetzten. Zwar war Stülpner versetzt, doch brachte dies keine Aenderung in sein Treiben, nach wie vor betrachtete er es als seine besondere Verpflichtung, seinen Herren Offizieren Wildpret zu liefern.

An einem Dezembertage beging er wieder im Auftrag eines Vorgesetzten sein Revier (er pflegte nämlich jedes Revier, wo er immer auch jagte, als das seinige zu bezeichnen), als er zufällig auf Scharfensteiner Flur mit dem Burschen des Zschopauer Oberforstmeisters, Ziegler mit Namen, zusammentraf. Längst hatte Ziegler geprahlt, er müsse den Wilderer Stülpner in seine Gewalt bekommen, wenn er ihn erblicke und wäre er auch in einer Entfernung von zwei Stunden. Der kühne Jägerbursche wollte sogleich Hand an ihn legen, doch in einem Augenblick hatte ihn Stülpner, obgleich Ziegler kopfslänger war, entwaffnet und schlug ihn so lange mit dem entrissenen Gewehr, bis dasselbe in Stücke zersprang, außerdem drohte er noch, ihn zu erschießen. Nur auf das Flehen und auf das Versprechen hin, den Vorfall nicht weiter zu erzählen, gab Stülpner, welcher Zivilkleidung trug, ihn frei.

Ziegler hielt sein Versprechen schlecht, denn kaum waren drei Tage vergangen, als Stülpner plötzlich von einem Unteroffizier und einem Gemeinen bei seiner Mutter abgeholt und nach Zschopau auf die

Hauptwache in Arrest gebracht wurde. Am andern Tage fand das Verhör statt, Stülpner wurde mit dem Jägerburschen konfrontiert und auf die Aeußerung des letzteren, in Stülpner denjenigen zu erkennen, der ihn neulich so jämmerlich durchgebläut hätte, geschlossen und Neujahr 1784 in das Stabsquartier zu Chemnitz abgeliefert.

Zweiunddreißig Wochen saß hier Stülpner auf der Hauptwache in strenger Verwahrung, während dieser Zeit zweiundzwanzig Mal verhört, ohne etwas von dem ihm angeschuldigten Verbrechen zu gestehen. Selbst dann, als man ihm Milderung seiner Strafe zusicherte, wenn er freiwillig die Abnehmer seiner erlegten Beute, sowie seine Teilnehmer nennen würde, konnte man kein Geständnis von ihm erlangen.

Im Laufe des Sommers wurde die ganze sächsische Armee in ein Exerzierlager bei Mühlberg zusammengezogen. Auch das Regiment Prinz Maximilian brach dahin auf und Stülpner, den man nicht eines groben Verbrechens beschuldigte und darum nicht während der Zeit in der Chemnitzer Frohnfeste zurücklassen wollte, wurde als Gefangener mit in das Lager abgeführt.

Wohlbewacht und mit Ketten belastet folgte Stülpner auf einem Wagen seinen fröhlichen Kameraden, die aufrichtig sein hartes Geschick bedauerten. Nur die frische Luft, die er so lange entbehrt hatte und die Hoffnung, während des Manövers Gelegenheit zu finden, seine Freiheit durch die Flucht sich zu verschaffen, ließen ihn sein hartes Los zeitweilig vergessen. Dazu wurde er während des Feldlagers von einer schönen Handlung auf das freudigste überrascht.

Das gesamte Offizierkorps war bei einem fröhlichen Frühstück vereinigt und man kam im Laufe des Gespräches auf Stülpners herbes Geschick zu sprechen, wohl mancher unter ihnen mochte fühlen, daß er selbst allerdings ohne Willen zu dieser beklagenswerten Wendung des Geschickes unseres Gefangenen beigetragen habe. Sofort beschloß man, eine Sammlung für ihn zu veranstalten, dieselbe ergab einen Betrag von 20 Thalern, die Stülpnern augenblicklich eingehändigt wurden. Derselbe fand vor Rührung kaum Worte um seinen Vorgesetzten für ihre hochherzige Teilnahme zu danken.

Das Manöver war beendet, die Regimenter zogen wieder in ihre Garnisonen und noch hatte Stülpner keine Gelegenheit gefunden, seine Fesseln zu brechen.

Auf dem Marsche hielt das Regiment Prinz Maximilian in dem Dorfe Simselwitz bei Döbeln einen Rasttag, es war gerade am Johannisfeste. Stülpner hatte sich bei der Ankunft im Dorfe genau von der Lage seines Gewahrsams orientiert, die Mannschaften waren zur Wachtparade versammelt, der Gefangene ging unter dem Vorwand ein Bedürfnis zu befriedigen mit der sorglosen Wache in den Hof und übersprang mit festangezogener Kette die das Haus umgebende Mauer; ehe sich die Wache von ihrem Erstaunen erholte, befand sich Stülpner schon außerhalb der Schußweite. Eine Stunde weit eilte der Befreite so schnell er nur konnte fort und verbarg sich in einem großen Gewände Korn, wo er mit einer aus Vorsicht mitgenommenen Messergabel sich seiner Kette entledigte.

Kaum war Stülpners Flucht bekannt, so wurde auch Alarm geblasen und die Mannschaft aufgeboten, den Flüchtling wieder zu ergreifen. Ein furchtbares Gewitter entlud sich und begünstigte Stülpners Flucht, außerdem mag die Verfolgung nicht so eifrig betrieben worden sein, am Ende gönnte wohl ein Jeder dem Flüchtigen seine Rettung.

Bis zum Einbruch der Nacht hielt sich Stülpner in seinem Versteck verborgen, trat dann seine Heimreise an und gelangte nach drei Tagen auf Umwegen in seine Heimat. Es war abends 10 Uhr, sein altes Mütterchen saß im Sorgenstuhl, hatte das Gebetbuch aufgeschlagen und las bei mattem Lampenschimmer den Abendsegen, gewiß hat sie in ihr Gebet ihren unglücklichen Karl eingeschlossen. Da pocht es plötzlich am Fensterladen, eine wohlbekannte Stimme ruft: »Mutter, macht auf!« Das Gebetbuch entsinkt der Alten, schwankenden Schritts naht sie der Hausthür, die flackernde Oellampe in der Hand. Sie öffnet, fährt aber erschrocken wieder zurück, denn der langersehnte Sohn tritt mit blutigem Gesicht und blutenden Händen in zerrissene Kleider gehüllt ihr entgegen.

Aus Furcht entdeckt zu werden, hatte Stülpner die einsamsten Wege gewählt, war auch in keiner menschlichen Wohnung eingekehrt, er hatte während der Zeit sich von Feldfrüchten genährt. Nachdem er seinen großen Hunger und Durst so gut als möglich gestillt, warf er seine ermatteten Glieder auf die Ofenbank, um einige Stunden von den Beschwerden seiner Flucht auszuruhen; doch kaum graute der Morgen, als er sich wieder von seinem Lager erhob, seine Mutter weckte und ihr die Hälfte von der für ihn gesammelten Kollekte einhändigte. Darauf vertauschte er die abgerissenen und zerfetzten Ueberbleibsel seiner Montur mit andern früher daselbst zurückgelassenen Zivilkleidern, und trennte sich ohne seiner Mutter den Plan seiner nun zu beginnenden Laufbahn mitzuteilen, jedoch mit der Bitte und dem Versprechen, daß sie künftig nur unbesorgt um ihn sein solle, wo er auch weile, wolle er nach Kräften für sie sorgen.

Vorläufig bot ihm Sachsen kein sicheres Asyl, er wanderte noch denselben Tag nach Böhmen, wo er sich nach dem Dorfe Grünau, eine Stunde unter Sebastiansberg, wandte und daselbst in dem an der Landstraße befindlichen Gasthofe als Hausknecht verdingte.

Nach zweijähriger Thätigkeit kam er durch die Verwendung eines Gutsbesitzers dieser Gegend, der sein gutes Schützentalent hatte kennen lernen, nach Heinrichsgrün in die Dienste des Grafen von Nostiz, wo er einem alten Förster als Forstadjunkt mit einem monatlichen Gehalt von 6 Thalern beigegeben wurde und daselbst drei Jahre unter treuer Erfüllung der ihm auferlegten Pflichten verweilte. Einst kam Graf Weßlini aus Ungarn zu Besuch; ihm zu Ehren wurden mehrere Jagden veranstaltet, wobei der Gast den trefflichen Schützen Stülpner kennen lernte, er gewann ihn lieb und wünschte ihn in seine Dienste zu nehmen, indem er ihm das schöne Gehalt von 300 Gulden jährlich bot.

Stülpner zögerte nicht, von diesem vorteilhaften Anerbieten Gebrauch zu machen und wanderte kurz darauf mit seinem neuen Herrn nach Ungarn, der jenseit der Theiß bei der Stadt Debreczin seine Güter hatte.

Trotz des herrlichen Tokayers wollte es Stülpner in Ungarn nicht behagen, er konnte sich mit der anderen Dienerschaft des Grafen nicht gut vertragen, sie sah als Katholiken in ihm immer den Ketzer, was sich Stülpner nicht gefallen ließ, und wenn er mit Worten seine Gegner nicht mehr besänftigen konnte, dann zum Faustkampf seine Zuflucht nahm, wo es dann gerade nicht zärtlich herging.

Nach Verlauf von 10 Monaten nahm er wieder seinen Abschied und wanderte in die Welt hinaus. Zuerst begab er sich wieder über Wien nach Böhmen, dann nach Bayern und Unterösterreich, bereiste darauf Tirol, wo er in Innsbruck mit mehreren Grenzjägern zusammengeriet und in einer derben Schlägerei zwar den Sieg davon trug, aber dafür 8 Tage lang als Arrestant bei Wasser und Brot büßen mußte. Von Tirol wandte er sich nach der Schweiz, von da über Baden und Hessen nach Hannover.

Als er in dem letzteren Lande bei der Stadt Osterode ein Dragonerregiment exerzieren sah, welches sich vorzüglich durch seine schönen Pferde und durch seine Uniformierung auszeichnete, so wurde er durch den herrlichen Anblick und die schöne Haltung der dahinjagenden Reiter so sehr bezaubert, daß er sich aus Liebe zu seinem früheren Soldatenleben sogleich bei dem Regimentschef als Dragoner anwerben ließ.

Nachdem er daselbst zur Zufriedenheit seiner Oberen ein Jahr und vier Monate als Dragoner gedient hatte, ließ ihm sein reger Geist auch hier keine Ruhe und Rast mehr, er entfloh deshalb einst bei Nacht und Nebel mit Pferd, Sattel und Zeug bis nach Hof, wo er sein Pferd mit allem zusammen für 100 Thaler verkaufte und sich für einen Teil dieses daraus gelösten Geldes wieder als schmucker Jäger umkleidete. Hierauf kehrte er nach einer Abwesenheit von beinahe acht Jahren, in der Meinung, man habe während dieser langen Zeit seine Desertion vergessen, wieder in seine Heimat zurück.

Seine Mutter von drückendem Alter und so manchem Kummer und mancher Sorge niedergebeugt, war nicht wenig überrascht, als sie plötzlich in ihrer ärmlichen Wohnung ihren so lange vermißten Sohn als gut gekleideten Jäger gesund und wohl eintreten sah, und ihr Gesicht wurde noch weit mehr mit Freude überstrahlt, als ihr Karl die von seinem verkauften Dragonerpferd noch ziemlich gefüllte Börse herauszog und ihr 10 blanke Kronthaler in die welke Hand drückte.

Obgleich Stülpner nur kurze Zeit und so verborgen als möglich in der Behausung seiner Mutter verweilte, so wurde doch seine Anwesenheit in Scharfenstein bekannt und verbreitete sich schnell in der Umgegend. Die obrigkeitliche Behörde, die sogleich auch von seinem Wiedererscheinen in Kenntnis gesetzt wurde, schien ihn ganz zu ignorieren und duldete, so lange sie keine verdächtigte und unerlaubte Handlung von ihm hörte, stillschweigend seine Gegenwart.

Stülpner blieb indessen nicht lange in seiner ungewohnten Unthätigkeit, er suchte seine vertrauten und heimatlichen Waldungen wieder auf und begann nun förmlich als Wildschütz zu leben. Er trieb sein unerlaubtes Gewerbe bald so stark und dehnte es so weit aus, daß er in kurzer Zeit folgende Reviere zu seinem Wirkungskreis erwählte: Zuerst besuchte er die Marienberger, Steinbacher, Rübenauer, Reitzenhainer, Zöblitzer, Huthaer, Porstendorfer, Leubsdorfer, St. Michaelser Reviere, von da beging er den öderanischen Wald, dann die Plauener, Kleinolbersdorfer, Augustusburger, Börnicher, Lengefelder und Zschopauer Reviere, dann besuchte er den sogenannten Abtwald bei Gelenau, sowie die Thalheimer, Stollberger und Geyerschen Forsten, und endlich versuchte er auch sein Heil in Böhmen, indem er in den bedeutenden Rothenhäuser Waldungen ebenfalls sein Wesen trieb; so daß er mit diesen 21 erwähnten Revieren ziemlich das ganze Erzgebirge, sowie einen Teil von Böhmen als Wildschütze durchstreifte.

Vertraut mit allen geheimen Schlupfwinkeln und Auswegen dieser Forsten, erfahren im Auffinden der liebsten Aufenthaltsplätze und gewöhnlichen Wechsel des Wildes, war es kein Wunder, daß sich Stülpner sowohl den aufmerksamen Blicken der Forstbeamten immer glücklich entzog, als auch als vortrefflich geübter Schütze so manchen Hirsch, so manches Reh und Wildpret aller Gattung mit glücklichem Erfolg erlegte.

Bald war es übrigens kein Geheimnis mehr, daß sich Stülpner in den Waldungen des Erzgebirges herumtreibe, denn teils gelang es ihm doch nicht immer, sich verborgen genug zu halten, um von Landleuten und Holzarbeitern ganz unbemerkt zu bleiben, teils schien er sich auch ganz sicher zu glauben, da es nichts Seltenes war, ihm auf öffentlicher Straße zu begegnen, und er sich öfters auf solchen Orten sehen ließ, wo er bemerkt werden mußte. Obgleich es allgemein bekannt war, daß Stülpners Lebensart keine erlaubte sei, so fanden doch die Bewohner der Gegend keinen Beruf dazu, sich seiner Person zu versichern, er säuberte ja ihre Saaten und Fluren von den Verwüstungen des Wildes, und außerdem schützte er durch sein Umherstreifen gleichsam ihre Waldungen und Feldfrüchte, indem er Gesindel, welches auf Raub der Feldfrüchte ausging, nicht duldete. Bald war ein stillschweigender Vertrag geschlossen, jedermann stellte sich, als ob er Stülpner gar nicht bemerke und von seiner Existenz gar nicht unterrichtet wäre. Selten und nur bei stürmischen Nächten besuchte er jetzt seine Mutter, welche er dann immer von dem Ertrag des abgelieferten Wildpretes mit Geld versah.

Die Mutter war anfangs von dem Treiben ihres Sohnes nicht unterrichtet, da er sich in allen seinen Handlungen sehr verschwiegen gegen sie zeigte, auch wich er allen ihren ängstlichen Fragen aus; doch mußte sie im Laufe der Zeit aus dem heimlichen Wesen und unstäten Leben ihres Karl auf sein unerlaubtes Gewerbe schließen, was ihr viel Kummer und Sorge verursachte.

Als er daher einst wieder bei stürmischer und regnerischer Nacht bei ihr eintrat und einiges Geld in ihre zitternde Hand drückte, konnte sie den bisher unterdrückten stillen Kummer und die mütterliche Besorgnis nicht länger mehr verbergen. Flehentlich bat sie ihn, von seinem bisher geführten unerlaubten Gewerbe abzustehen und zu einem erlaubten Nahrungszweig zu greifen, lieber wolle sie fernerhin von dem kümmerlichen Lohne ihres Spinnrades als von dem auf ungerechte Art erworbenen Gelde leben.

Karl hörte sie an, ergriff ihre von Thränen benetzte Hand und sagte: »Mutter, noch nie habe ich mir bisher eine schlechte Handlung zu Schulden kommen lassen, und nie wird und soll, sobald ich nicht gewaltsam gereizt werde, eine solche von mir geschehen; ich habe noch keinem Menschen Leid oder Schaden zugefügt, sondern im Gegenteil so manchem, der von andern gedrückt und gemißhandelt wurde, beigestanden und ihn davon befreit; zu meiner gegenwärtigen Lebensart bin ich gleichsam gezwungen, da ich von der Heimat und der bürgerlichen Gesellschaft ausgestoßen und verbannt wurde und mir der Weg, dahin zurückzukehren, verschlossen ist. Deshalb erwählte ich das Gewerbe eines Wildschützen, weil es mir, so streng es auch verboten ist, durchaus nicht so widerrechtlich erscheint und ich das, was ich als solcher thue, einst bei Gott und der Welt verantworten werde. – Darum beruhigt Euch, Mutter, und laßt mich ruhig meinen Weg, wohin er mich auch führen mag und wird, ziehen.« Nach diesen Worten schied er wieder von ihr und kehrte in seine vertrauten Forsten zurück.

Die Forstbeamten hatten am allerwenigsten Ursache mit diesem auf ihren Revieren ungebetenen Gast zufrieden zu sein, doch da er bis jetzt noch keine bedeutenden Jagdexzesse verübt hatte, so wurde ihm von diesen auch immer noch nicht so ernstlich nachgestellt. Stülpner wurde nun aber durch diese Nachsicht in seinen Unternehmungen noch mehr gestärkt, immer dreister, und maßte sich ordentlich eine gewisse Autorität an, vermöge welcher er diejenigen, die nach seinen Ansichten bedrückt würden, in seinen Schutz nahm und vorzüglich dadurch bewirkte, daß man aufmerksamer auf ihn ward und ihn ernstlich verfolgte.

So zeichnete sich Stülpner schon damals durch einige Handlungen aus, die seine Kühnheit, seine Geistesgegenwart und Gefühl für Recht herrlich charakterisieren, indem er oft ein Schutz der Bedrückten und Verfolger von Dieben und Vagabonden wurde und selbst auch hartherzige und unmenschliche Forstbedienstete bestrafte, wovon folgende Begebenheit eine treue Schilderung liefert.

Als eines Tages ein armes Weib sich im Walde einiges dürres Leseholz sammeln wollte, was auch an gewissen Tagen erlaubt war, kam der Förster des Bezirks hinzu und forderte unter Androhung harter Strafe mit ungestümen Worten ein Pfand. Unter lautem Wehklagen und Bitten beteuerte das Weib ihre Armut und ihr Unvermögen, sein Verlangen zu befriedigen. Doch der Förster, von Wut entbrannt, riß ihr mit Gewalt den Korb vom Rücken und zertrat ihn fluchend und tobend in Stücke und machte noch Miene, sich an der über diese Ungerechtigkeit nach Hilfe schreienden Frau thätlich zu vergreifen.

Stülpner, der in einem nahen Dickicht Zeuge dieses Vorfalles gewesen war, stand jetzt wie aus der Erde herausgewachsen mit gespannter Büchse vor dieser Gruppe und rief mit donnernder Stimme:

»Wer giebt Ihnen, Herr Förster, das Recht, dieses arme, wehrlose Weib so zu mißhandeln?«

Förster: »Und wer hat das Recht, mich hier wegen meiner Handlung und der Ausübung meiner Pflicht zur Rede zu stellen?«

Stülpner: »Jeder rechtliche Mensch ist verpflichtet, Mißhandlungen gegen alte, schwache Personen zu unterdrücken und die an ihnen ausgeübten Schändlichkeiten zu bestrafen. Das, was Sie jetzt thaten, war schlecht und ich würde mich an ihrer Stelle schämen, eine so alte wehrlose Person, die noch dazu weiter gar nichts verbrochen hat, auf ähnliche Art zu behandeln.« Der Förster, durch die kühne Sprache nur noch mehr in Wut gebracht, entgegnete mit trotzig aufbrausender Stimme:

»Was soll das heißen und wer ist er?«

Stülpner: »Wer ich bin, wird sich hernach ausweisen. Doch jetzt bezahlen Sie im Augenblick der armen Frau 10 Groschen für ihren zertretenen Korb, wo – nicht, so (eine Bewegung mit dem Gewehre nach dem Förster machend), werde ich selber zahlen.«

Der Förster, durch diese drohenden Worte und Stellung eingeschüchtert, sah wohl ein, daß er es mit einem unerschrockenen Gegner zu thun hatte, zog, im innern vor Furcht und Zorn glühend, mit zitternder Hand, immer nach der Mündung des Gewehres schielend, seinen Beutel und zahlte die billige Forderung von 10 Groschen, die Worte leise hinzufügend: »Wahrlich, das ist zu toll und mir noch nie vorgekommen.«

Stülpner, den Hahn in Ruhe lassend, rief dem vor Wut und Scham davonschleichenden Förster nach: »Herr Förster, Sie wollten gern wissen, wer ich sei? Ich bin Stülpner, vor welchem Sie sich künftig in Acht nehmen mögen, denn würde er Sie nochmals auf ähnlicher Art wie heute treffen, so möchten Sie dann wohl nicht mehr so leichten Kaufs davon kommen, – und nun Gott befohlen.« Stülpner verschwand hierauf wieder im Dickicht; fluchend und tobend eilte der Förster, froh dankend das arme überraschte Weib nach Hause.

Auf seinen Streifzügen hatte Stülpner in den nahen Grenzwaldungen mehrere Genossen kennen gelernt, mit welchen er hinsichtlich seines Gewerbes zwar gemeinschaftliche Sache machte, aber wegen seiner Gewandtheit, Körperstärke und praktischem Ueberblick immer eine gewisse Autorität über sie sich vorbehielt. Mit diesen wagte er sich oft in die Nähe von Ortschaften, wo er leicht bemerkt werden konnte.

Stülpner befand sich eines Morgens mit zwei solcher Kameraden auf einer steilen Anhöhe in der Nähe eines Dorfes und hatte sich mit diesen bei einem Feuer gelagert, um ein frugales Frühstück einzunehmen. Eine Gerichtsperson des Dorfes, welche sie bemerkt hatte, machte nun schnell Lärm, es ließen sich verdächtige Männer sehen. Sogleich machten sich sämtliche Gerichtspersonen und eine beträchtliche Anzahl der Dorfbewohner auf den Weg, um mit alten Flinten, Säbeln, Heugabeln, Dreschflegeln, etc. so gut als möglich bewaffnet, die Verdächtigen aufzuheben. Stülpner, der mit seinen Genossen dieses kampflustige Heer den steilen Fußsteig heranklimmen sieht, schlägt erst ruhig Feuer an und setzt seine Pfeife in Brand. Hierauf erhebt er sich mit seinen Kameraden, als die Anstürmenden ungefähr noch hundert Schritte von ihm entfernt sind, und nimmt die Büchse vor. Kleiner und zögernder wurden jetzt die Schritte der feindlichen Dorfbewohner, als sie ihre Feinde so furchtlos und gerüstet vor sich sahen; doch als plötzlich die drei Wildschützen wie kommandiert neben einander standen, die Hähne spannten und anschlugen, da ergriff die ganze Heldenschaar ein solch panischer Schrecken, daß alle unter dem schallenden Gelächter der Raubschützen, ohne Ansehen der Person, über und unter einander die steile Höhe hinunterpurzelten und die Flucht ergriffen. Stülpner schritt hierauf, ohne die Fliehenden noch eines Blickes zu würdigen, mit seinen Kameraden langsam dem nahen Forste zu.

Öfter hatten Reisende Gelegenheit, Stülpnern zu begegnen, der nicht die geringste Scheu äußerte, freundlich und höflich grüßte und mit manchem sogar ein Gespräch anknüpfte. So traf er einst unterwegs im Winter mit Pferd und Schlitten einen Rechtsgelehrten, der, Stülpnern für einen Jäger haltend, ihn ersuchte, hinten mit aufzutreten, um so sein Reiseziel schneller zu erreichen. Er trat auf und knüpfte zutraulich mit ihm ein Gespräch an. Der Rechtsgelehrte kam auch auf Stülpnern zu sprechen, der in der dasigen Gegend hausen solle. Drollig genug erzählte Stülpner von sich selbst, doch mitten im Forste empfahl er sich plötzlich, dankte und rief seinem Reisegefährten nach: »Sie haben jetzt selber mit Stülpnern gesprochen; leben Sie wohl.« Darauf verschwand er im nächsten Gebüsch.

Durch diese und andere ähnliche kühne Unternehmungen war es kein Wunder, daß Stülpner bald zum allgemeinen Gespräch der Umgegend wurde. Niemand verheimlichte es, ihn gesehen zu haben und niemand erschrak mehr, wenn er ihm unvermutet begegnete, da man immer mehr sich überzeugte, daß Stülpner kein gefährlicher, böser Mensch sei. Aber ebenso konnte es nicht fehlen, daß durch seine kühnen Streiche und immer mehr um sich greifenden Wilddiebereien die Polizeibehörde durch die sich häufenden Anzeigen der aufgebrachten Forstbediensteten nicht nur aufmerksamer auf ihn wurde, sondern selbst ernstliche Anstalten traf, ihn aufzuheben und in ihre Gewalt zu bekommen.

Diese ernstlich getroffenen Maßregeln blieben Stülpnern nicht unbekannt; er verließ deshalb seine erzgebirgischen waldigen Behausungen, um seinen ihn immer mehr umlauernden Verfolgern einige Ruhe zu gönnen, und wanderte wieder mit einer gut gefüllten Börse nach Bayern. Als er sich in der Gegend von Bayreuth einige Zeit herumgetrieben hatte, trat er, versehen mit den von seinen früheren Herrschaften erhaltenen Zeugnissen, wieder als Revierjäger in die Dienste eines Herrn von Reitzenstein auf Kunersreuth mit einem monatlichen Gehalt von 7 Thalern und verblieb daselbst, ohne daß sich unterdessen etwas Besonderes für ihn zutrug, beinahe 2 Jahre. Von hier kam er ebenfalls wieder als Revierjäger in die Dienste eines Herrn von Plötz auf Zedtwitz in der Gegend von Hof, wo er 14 Monate aushielt, dann, von seinem unruhigen Geiste fortgetrieben, wieder sein Bündel schnallte und abermals nach Bayreuth wanderte.

Der Markgraf Karl Alexander hatte gerade zu dieser Zeit Ansbach und Bayreuth an Preußen abgetreten; es hielten sich in dem Ländchen eine Menge preußischer Werber auf, um junge, kräftige Leute in ihr Garn zu locken. Stülpner, der in den Schänken und anderen öffentlichen Orten häufig mit diesen Werbern zusammenkam, ward als ein so schlanker, kräftiger Jäger bald der Gegenstand ihrer Aufmerksamkeit. Beim Bierkrug traf Stülpner wiederum mit einem solchen Werber zusammen und sogleich machte letzterer Anstalt, ihn unter dem Versprechen eines schönen Handgeldes zum preußischen Soldaten anzuwerben. Stülpner blieb standhaft; der Werber versuchte nun mit Gewalt ihn zum Dienst zu zwingen, es entstand ein heftiger Streit und Stülpner schlug mit seinem Hirschfänger so lange auf den brutalen Preußen, der nun ebenfalls seinen Degen gezogen hatte, los, bis letzterer in Stücke zersprang. Hierdurch entwaffnet, riß Stülpner, ehe der Werber weiter auf ihn eindringen konnte, im Augenblick zwei Stuhlbeine heraus, mit welchen er nun aufs Neue auf seinen Gegner eindrang, ihm die Klinge aus der Hand schlug und so lange auf den wehrlosen Preußen loskeilte, bis zuletzt an ein Aufkommen desselben nicht mehr zu denken war. Durch den entstandenen Lärm kamen die anderen preußischen Werber ihrem Kameraden zu Hilfe, Stülpner mußte endlich der Uebermacht weichen und sich gefangen geben.

Unter den Offizieren seines Regiments fand Stülpner vorzüglich an dem Hauptmann von Hopfgarten, auch ein Sachse von Geburt und leidenschaftlicher Jäger, einen Freund und Gönner, von welchem er vorzüglich in finanzieller Hinsicht so manche Wohlthat genoß.

Nachdem Stülpner in Spandau, ohne daß sich außer seiner mißlungenen Flucht weiter etwas Wichtiges ereignete, gegen zwei Jahre als Musketier gestanden, trat plötzlich eine Katastrophe ein, die ihn unvermutet aus den längst verwünschten Mauern seiner Garnison hinaus auf blutigen Kampfplatz führte und ihn unter vielen sturmbewegten Tagen so manche kriegerische Abenteuer bestehen ließ.

Die französische Revolution war ausgebrochen; sie hatte das Königstum hinweggefegt und eine Republik an dessen Stelle gesetzt. Oesterreich und Preußen erklärten der Republik den Krieg, infolgedessen auch Stülpners Regiment Prinz Heinrich seine Garnison verließ, um dem nach Frankreich ziehenden Heere zu folgen. Dem Herzog Ferdinand von Braunschweig war der Oberbefehl über sämtliche Truppen übertragen worden. Nach der Einnahme von Verdun geschah ein Ereignis, wodurch Stülpner persönlich mit dem Herzog von Braunschweig in Berührung kam.

Schon seit einiger Zeit hatte man von preußischer Seite eine Menge Mannschaften vermißt, ohne bisher auf den Grund und die Spur ihres Verschwindens gekommen zu sein. Als Stülpner eines Morgens in der Gegend von Grandprée, wo damals das Hauptlager der Preußen sich befand, mit noch fünf anderen Kameraden nach dem zunächst gelegenen Dorfe vom Hunger getrieben auf Plünderung ausging, trat er mit diesen in einen großen Bauernhof ein, wo er außer einer schon bejahrten Frau weiter niemand antraf. Diese erriet sogleich die Absicht der hereinstürmenden sechs Preußen und gab ihnen, so gut es eben ging, zu verstehen, daß bei ihr nichts mehr zu haben sei, da alles schon gewaltsam nach dem preußischen Lager abgeführt wäre.

Stülpner ließ sich nicht zurückschrecken und durchsuchte mit seinen Genossen das ganze Haus. Als er bei dieser Visitation auch in den Stall trat, fand er diesen zwar leer, doch an der Mauer desselben erblickte er einen großen Haufen Dünger, was ihm verdächtig vorkam. Sogleich ward mit Hilfe der Kameraden der Haufe entfernt und dahinter eine zweite Thür entdeckt, die zu einem Keller führte. Als auch diese mit Gewalt geöffnet war, drangen sie in eine unterirdische Vertiefung und fanden hier, zu ihrem größten Schrecken, zwanzig halb im Sande verscharrte Preußen, die noch gräßliche Spuren von Verwundungen an sich trugen und nur durch die um sie hängenden Fetzen von der Uniform als solche erkannt werden konnten.

Sogleich eilte Stülpner mit seinen Begleitern in die Wohnstube zurück, um die erwähnte Frau wegen der ermordeten Preußen zur Rede zu stellen; doch ob er gleich nochmals das ganze Haus durchsuchte, fand er weder diese noch eine andere menschliche Seele. Er trat, nachdem er noch, um seinen und der Kameraden Hunger zu stillen, einige Viktualien aufgefunden, wieder den Rückzug ins Lager an.

Hier angekommen, ging Stülpner sogleich zu seinem Hauptmann, um ihn von den zwanzig ermordet aufgefundenen Preußen zu benachrichtigen und dadurch gleichsam das Rätsel der immer mehr verschwindenden Leute zu lösen. Der Hauptmann teilte die Nachricht seinem Regimentschef und dieser dem soeben anwesenden Herzog mit.

Nach Verlauf einiger Stunden wurde Stülpner selbst zum Herzog beordert, um seine Aussage zu wiederholen. Ruhig und stolz seinem großen und allverehrten General persönlich sein Abenteuer mitteilen zu können, folgte er der ihn nach dem herzoglichen Zelte führenden Ordonnanz. Nachdem er hier durch einen Adjutanten dem Fürsten gemeldet, ward er sogleich zu ihm hineingeführt und fand denselben bei seinem Eintritt daselbst auf einem alten Feldstuhl sitzend mit einer Menge Landkarten beschäftigt. – Als ihn der Herzog bemerkte, winkte er ihm, näher zu treten, und nachdem er zuerst Stülpnern nach seinem Namen, Vaterland und Dienstzeit gefragt, mußte er über die zwanzig von ihm aufgefundenen Preußen Rapport erstatten.

Nachdem er die ersten Fragen des Herzogs kurz und bündig beantwortet hatte, referierte er mit aller Ruhe und der ihm angeborenen dreisten Offenheit, doch ohne dabei den Anstand zu verletzen, den ganzen Hergang der Sache, und schien eben durch seine Gewandtheit und Offenheit dem aufmerksam zuhörenden Fürsten gefallen zu haben, denn als Stülpner geendet hatte, entließ er ihn mit den Worten: »Es ist gut, mein Sohn; hier (ihm einen Dukaten in die Hand drückend), trink auf meine Gesundheit dafür.«

Stülpner säumte nicht, seinen funkelnden Kremenzer dem Wunsche des Herzogs gemäß anzuwenden, lud jedoch auch seine fünf Kameraden dazu ein.

Noch an demselben Tage wurde ein Kommando von hundert Mann mit einigen Wagen nach dem von Stülpnern bezeichneten Dorfe abgesendet, um die ermordeten Preußen herbeizuschaffen. Daselbst angelangt, luden sie ihre unglücklichen Waffenbrüder auf und kehrten in das Lager zurück, den Kameraden ein ehrliches Begräbnis zu bereiten.

Tags darauf ließ der Herzog, um für die Zukunft ein exemplarisches Beispiel zu geben, ein Korps von 2000 Mann und einer Batterie ausrücken und das ganze Dorf umzingeln, welches, nachdem erst eine Menge Pechkränze hineingeworfen waren, so eingeäschert wurde, daß nach Verlauf von vier Stunden das ganze Dorf in einen Schutthaufen verwandelt war, und alles, Menschen und Tiere, die sich nicht zuvor gerettet hatten, einen fürchterlichen Tod fanden.

Der unglückliche Ausgang des Feldzuges ist dem freundlichen Leser bekannt, das Heer wurde durch Krankheiten aufgerieben; Stülpner hatte es nur seiner kräftigen Natur zu verdanken, von den überhandnehmenden Seuchen verschont zu bleiben. Da die Lage der Truppen mit jedem Tage kritischer wurde und er dieses Leben schon längst zum Ueberdruß hatte, so beschloß er, bei der ersten besten Gelegenheit zu desertieren und seine heimatlichen, friedlichen Forsten im Erzgebirge, nach welchen er sich schon längst zurückgewünscht hatte, wieder aufzusuchen.

Schon früher hatte er sich zu diesem Behufe einen Paß zu verschaffen gewußt, worin er als ein nach der Heimat zurückkehrender preußischer Invalide signalisiert war. Als Stülpner einst bei Weißenburg, wo damals die preußische Armee gegen Pichegru stand, an einem düstern, nebligen Wintertage auf den äußersten Vorposten als Feldwache ganz allein zu stehen kam, glaubte er, hier von keiner Seele so leicht bemerkt, am sichersten seine Flucht ergreifen zu können.

Nachdem er sich daselbst so viel wie möglich von der Lage der Gegend orientiert hatte, desertierte er hier von seinem Posten und flüchtete sich in einen unfern gelegenen Wald, wo er Flinte, Seitengewehr und Patronentasche wegwarf und dann, da es schon Nacht geworden, unter einer

Felsengrotte ein Obdach fand. Beim Grauen des Morgens setzte er seine Flucht über den Rhein nach Rheinbayern zu fort. Seine ganze Barschaft bestand aus drei Kreuzern, mit welchen er wohl nicht weit gekommen sein würde, wenn er nicht folgende kluge Maßregel zur Fortsetzung seiner Flucht getroffen hätte.

Stülpner kehrte nämlich meistenteils in Klöstern, auf Rittergütern und auch oft bei Landgeistlichen ein, wo er nach Angabe seines Passes als ein aus dem Felde heimkehrender Invalide überall mit Speise und Trank reichlich versorgt wurde. Von Rheinbayern nahm Stülpner seine Marschroute nach Hessen-Darmstadt, von da über Frankfurt a. M. nach Fulda, wo er bei einem reichen Bürger, dessen Sohn in der Schlacht bei Pirmasens geblieben war, 14 Tage verweilen mußte und daselbst herrlich verpflegt, außer Geld noch mit Kleidungsstücken reichlich beschenkt wurde. Von Fulda wanderte Stülpner über Eisenach, Gotha, Weimar nach Jena, wo er einen Bruder des früher erwähnten Hauptmanns von Hopfgarten traf, der in Jena studierte, bei welchem er 4 Tage verweilte und mit den Studenten daselbst um die Wette zechte. Von Jena setzte Stülpner über Gera, Altenburg nach Chemnitz seine Reise fort, wo er ungescheut seinen früheren Gönner, den unterdessen zum Major avancierten Herrn von Gundermann besuchte, von diesem wieder reichlich beschenkt wurde, und nun, nach einer abermaligen Abwesenheit von beinahe sieben Jahren, gerade zu den Osterfeiertagen 1794 in Scharfenstein wieder anlangte.

Seit dem Ausmarsch der Verbündeten nach Frankreich hatte Stülpners Mutter keine Nachricht von ihrem Sohne erhalten; sie betrauerte ihn schon längst als tot und hatte sich unterdessen genötigt gesehen, ihr Häuschen zu verkaufen. Stülpner fand sie daher bei seiner Ankunft in dem engen Hinterstübchen, das sie sich als Ausgeding vorbehalten hatte.

Als sie ihn jetzt unerwartet eintreten sah, war sie vor Furcht und Schrecken nicht vermögend, ein Wort hervorzubringen; sie fürchtete, ein unglückliches Ereignis könnte ihn wieder herbeigeführt haben. Doch beruhigte sie Stülpner bald wieder, teilte ihr seine glücklich überstandenen Schicksale und seine Flucht mit, und gab ihr von dem gesammelten Gelde acht Thaler.

In Scharfenstein und der Umgegend erregte Stülpners plötzliches Wiedersehen großes Aufsehen; man hatte ihn ebenfalls für tot gehalten. Er zeigte sich an öffentlichen Orten; Jung und Alt versammelte sich um ihn und hörte ihm gern zu, wenn er von seinen überstandenen Abenteuern erzählte. Die Behörden und Forstbediensteten waren natürlich auch gleich von Stülpners Rückkehr unterrichtet; sie duldeten stillschweigend seine Anwesenheit, da sie hofften, daß er nunmehr zu einem erlaubten Broterwerb greifen würde; doch hatten diese Herren sich abermals gewaltig getäuscht. Denn Stülpner, welchem einmal das frühere wilde und zwanglose Leben zur zweiten Natur geworden war, konnte und mochte sich auch jetzt nicht, da er weiter keine Profession gelernt hatte und als Tagelöhner nicht arbeiten wollte, von seinem früher geführten Leben als Wildschütz losreißen. Er besuchte kurz nach seiner Rückkehr nach Scharfenstein, nachdem er sich wieder mit gutem Gewehr versehen und sich als Jäger umgekleidet hatte, seine alten vertrauten Forsten wie vorher und lebte nun ganz als Wildschütz, da er königliche und herrschaftliche Reviere durchstrich und alles Wild, was ihm vorkam, niederschoß.

Es hatte sich bald überall das Gerücht verbreitet, daß Stülpner wieder die Umgegend seiner Heimat zum Schauplatze seines kühnen Treibens gemacht habe, daß er sich ohne Scheu an öffentlichen Orten zeige, im Wirtshause seinen Krug Bier und seinen Schnaps ganz sorglos trinke, doch ohne seine stets scharfgeladene Büchse sowie seinen scharfgeschliffenen Hirschfänger abzulegen. Auch hatte er sich bald wieder einige Genossen zugesellt, mit welchen er gemeinschaftlich sein Wesen trieb, über die er sich stets jedoch eine gewisse Obergewalt vorbehielt.

Da vorzüglich in dieser Periode Stülpners die merkwürdigsten Scenen sich ereigneten, die seine Kühnheit, Geistesgegenwart, Festigkeit und seinen originellen Charakter so recht hervorheben, werden hier dieselben folgen, wie sie der Wahrheit getreu sich mit ihm zugetragen haben.

Als an einem schönen Oktoberabend der Oberförster in der Gegend des Fürstenberges schon spät sein ansehnliches Revier durchstrich, um auf einen Hirsch zu kommen, hörte er in einer ziemlichen Entfernung einen Schuß fallen. Sogleich eilte der Oberförster nach der Gegend, wo geschossen worden war, um zu sehen, was es gäbe. Nach einigem Hin- und Herirren tritt er endlich aus einem jungen Fichtendickicht auf einen freien Platz und erstaunt nicht wenig, als er hier unter einer schattigen Tanne den soeben geschossenen und schon verendeten Hirsch liegen und daneben auf einem abgehauenen Stamme Stülpnern, die Doppelbüchse an die Tanne gelehnt, von zwei großen Jagdhunden umgeben, sitzen sieht.

Der Oberförster, der anfänglich stutzte und näher zu treten zögerte, schritt hierauf auf Stülpnern zu und bot ihm einen guten Abend. Ohne irgend ein Zeichen von Furcht und Ueberraschung zu verraten, blieb Stülpner ruhig sitzen, dankte höflich und versicherte, daß es ihm leid thue, dem Herrn Oberförster einen vergeblichen Gang gemacht zu haben, da der Hirsch, nach welchem er vermutlich ausgegangen wäre, schon von ihm hier erlegt worden sei. Der Oberförster äußerte hierauf sein Erstaunen über diese Dreistigkeit und fing an unwillig zu werden. Doch Stülpner bat ihn, sich zu beruhigen, da es doch nun einmal nicht zu ändern sei. Hierauf setzte er noch hinzu:

»Wollen Sie nicht umsonst gegangen sein, so will ich Ihnen dort unten an der Ecke einen Stand anweisen, wo sie in kurzer Zeit zum Schuß kommen werden.« »So,« erwiderte hierauf gleichgiltig der Oberförster; »doch wie wäre es denn (langsam nach Stülpners Büchse langend, die an der Tanne lehnte), wenn ich mir diese Büchse hier ausbäte?« Stülpner: »Sie steht Ihnen zu Diensten, denn sehen Sie, dort habe ich noch zwei andere, die eben so gut und sicher, wie die hier, treffen.«

Als der Oberförster nach der Gegend hinsah, die ihm Stülpner bezeichnet hatte, erblickte er hinter einigen jungen Fichten noch zwei andere Wildschützen, die sich mit den auf ihn angelegten Büchsen erhoben hatten.

Verblüfft und ohne ein Wort zu sagen legte er die Büchse wieder an ihren Ort und machte Miene, sich zu entfernen. Stülpner aber erbat sich, unter dem Vorwande seinen Schwamm verloren zu haben, noch ein wenig Tabakfeuer aus und belustigte sich herzlich über die ängstlichen Gesichtszüge, die der Oberförster bei dem Anschlagen machte, indem es ihm, da er immer nach den drohenden Mündungen schielte, nicht gelingen wollte. Als es endlich brannte, bedankte sich Stülpner höflichst und setzte hinzu: »Ich stehe ein andermal wieder zu Diensten.« – Der gute Oberförster mahnte Stülpnern, nur nicht zu fleißig zu sein und entfernte sich so schnell als möglich, ihm eine gute Nacht wünschend, was Stülpner freundlich erwiderte.

Einst war der Bursche eines andern Försters auf den Anstand gegangen, und da es noch sehr zeitig war, hatte er sich unterdessen unter eine Tanne gesetzt und war eingeschlafen. Einige Zeit darauf fühlte er sich auf einmal etwas derb gerüttelt und erwachte. Da stand Stülpner mit gespannter Büchse vor ihm und begrüßte den Erstaunten mit einem: »Guten Morgen, Kamerad!« welches dieser mit einem ängstlichen Gegengruß erwiderte. Hierauf sprach Stülpner zu ihm: »Du hast einen guten Anstand gewählt, Kamerad, hättest aber bald die Zeit verschlafen. Hier wechselt ein Spießer und ich muß einen liefern; Du wirst also so gut sein und mit mir den Platz wechseln. Stelle Dich bei der dürren Fichte unten am Bache an, wo Du nicht vergeblich warten wirst. Ich habe deshalb heute meinen Kameraden dort nicht postiert, weil ich Dich schadlos halten möchte; wenn Du einmal Lieferung hast, so stehe ich dann gern wieder zu Diensten.«

Was wollte der arme Teufel machen? – Er stellte sich auf den bezeichneten Ort, that einen glücklichen Schuß und Stülpner bekam seinen Spießer.

Als kurze Zeit darauf Stülpner sein Zöblitzer Revier beging, bemerkte er von seinem Anstande aus quer über drei Bauergütern einen Hirsch, er legte an, brannte los und der Hirsch brach zusammen. Hierauf, seine Büchse über die Schulter werfend, setzte Stülpner durch ein Gewände Getreide, um ihm beizukommen, und nachdem er ihn gefunden, kniete er auf den Hirsch, um ihn zu genickfängen, kann aber seinen Genickfänger nicht sogleich finden. Der Hirsch, der unterdessen zu verenden scheint, springt auf einmal auf und nimmt Stülpner, der noch darauf saß, gegen 1200 Schritte über das freie Feld mit. Stülpner, der von weitem sieht, über welchen tiefen Abhang die Reise gehen soll, versucht herunter zu kommen, sprengt aber bei dem Herunterspringen eine Stange von dem Geweih des Hirsches ab, an welcher er sich während dieses Parforcerittes angehalten hatte, und so entkam der Hirsch, ohne daß Stülpner eine zweite Ladung nachsenden konnte.

Vier Wochen darauf erblickte Stülpner auf Zschopauer Revier den Hirsch, welcher ihn abgesattelt hatte, in Gesellschaft von noch fünf andern wieder, da er ihn sogleich an der noch herabhängenden Stange seines Geweihes erkannte; doch da er unter den fünf übrigen einen Achtzehnender gewahrte, so nimmt er diesen aufs Korn, erlegt ihn glücklich und läßt den andern freien Lauf.

Zur Winterszeit schoß er in der Nähe der sogenannten Rätzer-Bretmühle bei Marienberg ein Tier. Nachdem er dasselbe mit zwei seiner Kameraden zerwirkt und in Säcke gepackt, will er sich mit diesen auf den Weg nach der böhmischen Grenze begeben. Als er so schwer belastet mit seinen Genossen die Reise antrat, kamen ihm plötzlich sieben Jäger in den Weg, welche auf Hoflieferung ausgegangen und deshalb alle gut bewaffnet waren. Sogleich wollten diese, Stülpner erkennend, Jagd auf ihn machen, um ihn in ihre Gewalt zu bekommen. Stülpner, den diese Kühnheit verdroß, legte jetzt seine Bürde bei Seite, trat mit angelegter scharfgeladener Büchse vor und rief mit donnernder Stimme: »Halt! was wollt Ihr hier?« worauf ein Grenzschütze, namens Liebeskind, antwortete: »Wir glaubten, es wären Holzdiebe im Forste.« Der älteste Revierbursche Müller sagte hierauf, daß er sie für Pascher gehalten hätte, worauf Stülpner erwiderte: »Also Ihr seid Tabaksbüttel? Ich bin weder Pascher, noch Holzdieb, habe weder Kaffee, noch Zucker, noch Holz aufgeladen, sondern Wildpret, was Euch, da Ihr Tabaksbüttel seid, nichts angeht.«

Hierauf machte Stülpner, während seine anderen Kameraden schußfertig dastanden, die sämtlichen sieben Jäger gewehrlos, nahm ihre Gewehre alle auf die Schulter und lud ihnen dann das in Säcke gepackte Wildpret auf, welches er sie nun bis an die böhmische Grenze zu tragen nötigte. Die sieben Jäger, worunter sich freilich einige alte, kraftlose Burschen befanden, folgten wirklich, durch Stülpners und seiner Genossen drohende Stellung eingeschüchtert, seinem Befehle.

Als sie an Ort und Stelle angekommen waren, gab ihnen Stülpner, ohne jedoch die Steine davon abzuschrauben oder das Pulver aus der Pfanne zu schütten, ihre Kugelbüchsen zurück, ließ sie für ihre gehabte Bemühung aus seiner stets gut gefüllten Korbflasche einige kräftige Züge thun und entfernte sich von ihnen unter herzlichem Dank und Lebewohl.

In dem im Jahre 1835 erschienenen Buche von Schönberg heißt es hierzu: Nach Stülpners Angabe sollen gegenwärtig von den sieben oben erwähnten Jägern noch zwei am Leben sein, nämlich der Amtskopist K. in W. und der als Volontär gehende Jäger M. in D.

Durch diese und andere dergleichen tollkühne Unternehmungen war es kein Wunder, daß Stülpner damals fast überall in der Umgegend der Gegenstand des allgemeinen Tagesgesprächs, namentlich in der Schänke beim Bierkruge wurde. Doch fiel nicht etwa das Urteil der großen Menge für ihn ungünstig aus, im Gegenteil that man sich darauf etwas zu gute, ihn gesehen oder gesprochen zu haben, woraus gar kein Geheimnis gemacht wurde. Noch weniger erschrak man bei einem unvermuteten Zusammentreffen mit ihm, da man immer mehr zu der Ueberzeugung gelangte, daß Stülpner durchaus kein gefährlicher oder bösartiger Mensch sei, da er, außer seinem verbotenen Gewerbe als Wildschütz, sich nie etwas zu schulden kommen ließ, was ihn in den Augen seiner Mitmenschen hätte verdächtig machen können.

Stülpner ging stets nett und jägermäßig gekleidet und benahm sich immer mit einem solchen Anstand, daß er schon dadurch die allgemeine Aufmerksamkeit auf sich zog. Ungescheut besuchte er die an der Landstraße gelegenen Wirtshäuser, wo er im Tone alter Bekanntschaft ein Gläschen forderte, seine Korbflasche behaglich aus der Jagdtasche langte, sie füllen ließ, seine Pfeife anbrannte, sich nicht selten in das Gespräch der anwesenden Gäste mischte und so zuletzt unter einem traulichen Adieu sich wieder in die zunächst liegenden Forsten verlor. Doch geschah alles dieses ohne seine Büchse und den Hirschfänger abzulegen.

Kein Wunder war es aber auch, daß Stülpner wegen seiner tollen Streiche, die er vorzüglich in Bezug auf die Forstbeamten ausübte, durch deren immer sich mehrende Anzeigen ernstlich verfolgt und von seiten der Obrigkeit alles aufgeboten wurde, um ihn aufzugreifen und in Gewahrsam zu bringen. Es erschienen jetzt Reskripte und Befehle in Menge, die seine Aufhebung anbefohlen; man durchstreifte mit Aufbietung ganzer Dorfschaften diejenigen Wälder, wo man glaubte, daß er sein Wesen treibe und traf alle möglichen Anstalten, um seiner habhaft zu werden.

Stülpner, mit allen Schlupfwinkeln genau bekannt und von seinen Bekannten und Anhängern oft vor der ihm drohenden Gefahr gewarnt, entging nicht nur bisher glücklich den Verfolgungen seiner ihm immer mehr nachstrebenden Feinde, sondern wurde gleichsam, denselben Trotz bietend, in seinen Handlungen nur noch kühner und unternehmender, sodaß sich die Regierung endlich genötigt sah, da alle bisher getroffenen Anstalten,

Stülpnern in die Gewalt zu bekommen, vergebens waren, noch kräftigere Maßregeln zu ergreifen, um einem solchen Unwesen ein Ende zu machen.

Karl Stülpners Signalement wurde daher vom Kopf bis zum Fuß in allen öffentlichen Blättern bekannt gemacht und er sowohl in diesen, als in den gerichtlich angeschlagenen Aufforderungen für vogelfrei erklärt und demjenigen, der ihn lebendig, ein Preis von 80 Thalern, und wer ihn tot an die Obrigkeit ausliefern würde, 50 Thaler zugesichert.

Alle Forst- und Polizeibehörden wurden zu seiner Verhaftung aufgefordert, ja selbst das Militär sollte nötigenfalls dazu requiriert werden. Doch trotz diesen geschärften Befehlen und getroffenen Maßregeln hatte es doch lange Zeit das Ansehen, als ob dieselben nicht mit der gehörigen Gewissenhaftigkeit befolgt würden. Denn obgleich manchen nach dem Preis gelüsten mochte, so schien doch ein solches Unternehmen, ihn anzugreifen, immer als ein sehr gewagtes, da alle nur zu gut wußten, daß, ehe sich Stülpner gefangen geben würde, er alles und selbst sein Leben aufs Spiel setzen und aufopfern werde, und daher schon seine überall bekannte Körperstärke, seine Unerschrockenheit und Gewandtheit, sein sicheres Treffen im Schießen jeden zurückschreckte, einen ernsten Angriff auf ihn zu machen. Es blieb daher, ungeachtet des streng ergangenen Befehles, beim Alten, indem Stülpner zwar etwas vorsichtiger zu Werke ging, aber keineswegs von seiner Lebensweise als Wildschütz sich lossagte.

Der Ruf von Stülpners Tollkühnheit hatte auf viele einen solchen furchterregenden Eindruck gemacht, daß auch diejenigen, welche sich wirklich erfrechten, mit vereinigter Macht auf ihn Jagd zu machen, schon bei seinem Erscheinen auf dem Kampfplatze wie Spreu auseinander stoben und das Hasenpanier ergriffen, wovon folgende Szene ein treues Bild liefert.

Die Freischützen aus dem Städtchen W. hatten gehört, daß Stülpner in ihrer Nähe sein Wesen treibe; um sich einen unsterblichen Ruhm durch sein Aufgreifen zu erwerben, hatten sie sich erkühnt, in pleno gegen ihn auszurücken, mit dem festen Entschluß, ihn entweder tot oder lebendig in ihre Gewalt zu bringen. Sie langten wirklich in der Gegend, wo sich Stülpner damals aufhielt, an, nämlich in dem Forste unweit der Zschopau, die seit einigen Tagen durch Regenwetter sehr angeschwollen war. Der Anführer dieser Heldenschaar war ein kleiner Schneider, der sich vorzüglich, um seinen Leuten Mut einzuflößen, durch sein mutiges Voranschreiten und durch seine kühne Zunge auszeichnete.

Als sie so schwatzend und gemütlich dem Walde zuzogen, trat plötzlich Stülpner mit gespannter Büchse aus seinem Hinterhalte hervor und rief mit donnernder Stimme: »Wollt Ihr Euch packen, oder ich gebe Feuer!« Er schlug an, aber wie vom Winde zerstoben, flohen die armen, erschrockenen Schützen über Hals und Kopf davon und setzten zähneklappernd durch den angeschwollenen Fluß, um dadurch schneller der drohenden Gefahr zu entkommen. Nur ihr kurz vorher mit seinem Heldenmut so prahlender Anführer, der arme Schneider, getraute sich nicht durch den Fluß und trippelte trostlos und schweißtriefend am Ufer hin und her. Stülpner, ihn persönlich kennend, ließ ihn erst eine kleine Weile in seiner Todesangst herumzappeln, warf dann seine Büchse über die Schulter, rief dem armen Teufel zu und trug ihn mit seinen kräftigen Armen an das jenseitige Ufer, wo er ihn mit den Worten entließ: »Er mag künftighin bei der Nähnadel bleiben und sich nie wieder in solche unberufene Dinge mengen.«

Stülpner verließ jetzt auf einige Zeit seine waldigen Behausungen, um abermals seinen ihn immer schärfer verfolgenden Feinden einige Ruhe zu gönnen, und trieb jenseit der böhmischen Grenze sein Gewerbe. Schon fing man an, seiner weniger zu erwähnen, da man ihn seit längerer Zeit nicht mehr bemerkt hatte, und das Gerücht immer mehr sich verbreitete, er hause nicht mehr auf vaterländischem Boden. Aber plötzlich erscholl sein Name in der Umgegend wieder und verbreitete Furcht und Schrecken unter die Bewohner.

Kurze Zeit nach seinem Wiedererscheinen ereignete sich ein Vorfall, wobei Stülpner durch sein Gefühl für Recht, Redlichkeit und Teilnahme, welche er dabei an den Tag legte, in der allgemeinen Achtung sehr viel gewann.

Schon seit längerer Zeit war durch österreichische Deserteurs und anderes dergleichen liederliches Gesindel das Erzgebirge, vorzüglich an der Grenze, sehr beunruhigt worden. Unsicher waren Straßen und Wälder und nicht selten wurden Reisende daselbst gemißhandelt, geplündert, ja sogar Landleute überfallen und beraubt. Stülpner wurde beschuldigt, an diesen Räubereien mit teilzunehmen. Dieser ihn schwer kränkende Verdacht würde sich gewiß noch mehr bestärkt haben, wenn er sich nicht durch folgende edle Handlung auf die beste Art gerechtfertigt hätte.

Eine Zittauer Leinwandhändlerin hatte den Stollberger Markt bezogen und da gute Geschäfte gemacht, indem sie ihre ganze Leinwand sehr gut verkauft und 300 Thaler daraus gelöst hatte. Als sie nun froh über ihren Erlös wieder in ihre Heimat zurückkehren wollte, gesellten sich in dem Thale in der Nähe Stollbergs zwei Kerle zu ihr und suchten mit ihr ein Gespräch anzuknüpfen. Die Frau, nichts Böses ahnend, erzählte unklugerweise woher sie käme und daß sie so viel auf dem Markt gelöst habe. Während des Gespräches gelangten sie an einen Seitenweg, welcher in das nächste Dorfe führte, hier wollte sich die Frau von ihren Begleitern verabschieden, als dieselben plötzlich ihr ein fürchterliches Halt geboten und mit drohenden Gebärden die 300 Thaler von ihr forderten.

In dieser entsetzlichen Ueberraschung rief das erschrockene Weib um Hilfe, doch sogleich schwangen die Räuber ihre Knittel, geboten ihr zu schweigen und drohten bei der geringsten Verweigerung ihrer Forderung mit Mißhandlung und Tod.

Unter einem Strome von Thränen flehte das bebende Weib um Mitleid und Erbarmen und schwur bei dem Allmächtigen, daß sie und ihre Familie ohne dieses Geld dem schrecklichsten Elende preisgegeben sei. Die schändlichen Bösewichter ließen sich nicht durch dieses flehentliche Bitten der unglücklichen Frau zum Mitleid bewegen, sondern stürmten nur noch ungestümer auf sie ein, um sich nun mit Gewalt ihres Geldes zu bemächtigen. In dieser höchsten Angst setzte sich das Weib gegen die Straßenräuber zur Wehr, wurde aber sogleich von diesen zu Boden geworfen, festgehalten und nun gewaltsam ihres Eigentums beraubt.

Eben wollten sich diese Schändlichen mit ihrem Raube davon machen, als plötzlich ein Schuß zwischen ihren Köpfen durchsauste, Stülpner vor ihnen stand und sie mit seiner kräftigen Stimme als Schurken begrüßte. Die erschrockenen Räuber wollten erst ihre Beute wieder fahren lassen, als sie aber sahen, daß sie es blos mit einem zu thun hatten, machten sie Miene, auch diesen mit ihren Prügeln zu überfallen. Da warf Stülpner schnell seine Büchse über die Schulter, und in jeder Hand ein gespanntes Pistol haltend, schrie er ihnen zu: »Wer einen Schritt vorwärts thut, der kommt nicht lebendig von der Stelle. Ihr also seid die Schandbuben, die auf meinen Namen Straßenraub ausüben! Wartet, ich will Euch Mores lehren! Sogleich legt Ihr das der Frau geraubte Geld hier vor mir nieder, ohne einen Pfennig zurückzubehalten, geht dann auf diesem Wege hier, ohne Euch umzusehen, der Grenze zu, und wenn ich einen von Euch Buben wieder auf sächsischem Boden treffe, so fliegt ihm eine Kugel durch den Kopf!«

Ganz außer sich wollten die Räuber sich erst mit Stülpnern in eine Kapitulation einlassen; als aber dieser mit den Worten: »Nun so ist's auch jetzt noch Zeit!« seine Pistolen auf sie richtete und losbrennen wollte, da warfen die Straßenräuber eiligst das Säckchen, worin die geraubten 300 Thaler, teils in Speziesthalern, teils in Kassenbillets, verwahrt waren, auf den Boden und eilten unter Fluchen und Toben auf dem ihnen vorgeschriebenen Wege fort.

Durch den Schuß war die Frau erst wieder zur Besinnung gekommen und hatte vorzüglich bei Stülpners nachdrücklichen Worten ihr volles Bewußtsein wieder erlangt. Auf den Knien dankte sie ihrem großmütigen Retter, doch dieser hob sie auf, erkundigte sich teilnehmend nach ihr, ob sie irgend eine Verletzung erhalten hätte und händigte ihr dann das von der Erde aufgehobene Geldsäckchen wieder ein. Hierauf begleitete er sie bis an das nächste Dorf und entfernte sich dann von ihr, ohne eine Belohnung, die ihm die Frau für seine schöne Handlung mit aller Mühe aufdringen wollte, anzunehmen; nur darum bat er, daß sie überall, wo sie hinkomme, der Wahrheit getreu erzählen möge, wie Stülpner gegen sie gehandelt habe, damit man ihn nicht für einen so schlechten Menschen halten und unter die Kategorie der Straßenräuber zählen möge.

Bei dieser Handlung legte der leidenschaftliche Wildschütz einen schönen Beweis seines männlich redlichen Charakters, sowie seiner Geistesgegenwart an den Tag. Es ward auch in kurzer Zeit überall davon geredet und erregte ein allgemeines vorteilhaftes Interesse für ihn; denn ebenso auffallend als die Menge seiner Bewunderer und Freunde zunahm, verminderte sich die Zahl seiner Feinde und Verfolger, da er nicht nur dies einzige Mal dergleichen räuberisches Gesindel aus der Gegend vertrieb, sondern auch die Wälder, in welchen er hauste, von Landstreichern und Bösewichtern säuberte.

Kurze Zeit darauf, nachdem Stülpner die Zittauer Leinwandfrau aus den Händen der Straßenräuber gerettet hatte, kam er gegen Abend in dem großen Reitzenhainer Walde zu zwei Reisenden, welche sich daselbst verirrt hatten. Da sie Stülpnern, der, wie schon erwähnt, als Jäger gekleidet ging, für einen Forstbeamten hielten, so gestanden sie ihm, weil sie viel Geld bei sich führten, ihre Besorgnis wegen Stülpnern. Stülpner entgegnete ihnen, wenn sie sich ihm anvertrauen wollten, würde er sie an einen sicheren Ort bringen, wo sie ruhig übernachten könnten und von wo aus er sie dann, da es heute doch schon zu spät sei, am andern Morgen aus dem Forste auf die Landstraße bringen werde.

Nach einigem Besinnen nahmen die beiden Reisenden seinen Vorschlag an und folgten ihm auf sein Geheiß nun seitwärts durch Gebüsch und Felsen in abwechselnder Richtung bis an eine hügelförmige Stelle, wo Stülpner schnell eine verdeckte Thür öffnete.

Jetzt lud er die staunenden Wanderer ein, in die vor ihnen offene Höhle hinabzusteigen, er versicherte hoch und teuer, daß nicht das Mindeste zu befürchten sei, da es ja sein gewöhnliches Absteigequartier im Forste wäre. Obgleich dieser anscheinlich verdächtige Ort bei den Fremden Argwohn erregen mußte, so sahen sie sich doch genötigt, das Abenteuer zu bestehen. Sie traten also in dieses unterirdische Gemach, welches sie, nachdem Stülpner Licht angezündet hatte, sehr geräumig, bequem und vorzüglich mit einigen schönen Gewehren und Hirschgeweihen ausgeschmückt fanden.

Ihr Wirt setzte ihnen Brot, kaltes Wildpret und einen kräftigen Schnaps vor und nötigte seine Gäste zuzulangen, was sie auch nicht ausschlugen, da sie selbst gestanden, daß sie durch das lange Umherirren im Walde Appetit bekommen hätten.

Nachdem sie gemeinschaftlich unter gleichgültigem Gespräch ihr Abendbrot verzehrt hatten, machte ihnen Stülpner nach altdeutscher Sitte aus einer Menge Tierhäuten ein weiches Lager zurecht, auf welchem sie nun ausruhen sollten, und begab sich dann selbst in eine andere Ecke der Höhle zur Ruhe.

Zwar wollte sich erst bei den Fremden kein Schlaf einstellen, sie hegten gegen ihren Wirt immer noch Mißtrauen, doch endlich siegte die Natur über ihren Argwohn und ihre Unruhe. Als der Morgen zu grauen begann, weckte Stülpner die Reisenden, setzte ihnen ein frugales Frühstück vor und begleitete sie aus dem Walde, von wo aus er ihnen den zu nehmenden Weg zeigte. Als sie sich bei dem Scheiden für die freundschaftliche Aufnahme und Zurechtweisung bei ihm bedankten, erwiderte er ihnen, daß sie doch Stülpnern für keinen schlechten und gefährlichen Menschen halten sollten, sie wären diese Nacht seine Gäste gewesen. Stumm vor Erstaunen standen die Wanderer, Stülpner verschwand im nächsten Gebüsch.

War diese, sowie die vorhergehende Handlung Stülpners geeignet, ein allgemeines Interesse für ihn zu erwecken, die Herzen vieler für ihn zu gewinnen und die Zahl seiner ernstlichen Verfolger zu vermindern, so machte die nächstfolgende ebenfalls auch einen großen Eindruck auf die Menge, welche sehr zu seinem Vorteil sprach, obgleich die Kühnheit, mit der er, als vogelfrei, sie unternahm, auch nicht geringes Staunen erregte.

Der würdige Pastor Schönherr in Thum saß behaglich in seiner Studierstube, eben mit der Ausarbeitung der nächsten Sonntagspredigt beschäftigt, als ein lebhaftes Klopfen an der Thür ihn in seiner Arbeit störte.

Ein freundliches »Herein!« lud zum Eintreten ein, und mit Büchse und Hirschfänger bewaffnet, trat ein nettgekleideter Jäger in das Zimmer, welcher nach gegenseitigem freundlichen Gruß folgende Worte anbrachte:

»Verzeihen Sie, Herr Pastor, wenn ich als ungebetener Gast Sie so früh durch meine Gegenwart belästige.«

Pastor: »Bei mir ist jeder willkommen, der freundlich einspricht. – Wer ist er, mein Freund und womit kann ich dienen?«

Fremder: »Wer ich hin, können Sie blos auf ausdrückliches Verlangen erfahren, und meine Bitte ist: in diesem Augenblicke meine Beichte zu hören und mir Absolution zu erteilen.«

Pastor: »Sonderbarer Mann, dies ist eine eigene Zumutung, ich sehe ihn heute zum ersten Male, kenne weder seinen Namen, noch sein Gewerbe, noch seine Herkunft, weiß nicht zu welchen Glauben er sich bekennt, und soll eine so wichtige Religionshandlung mit ihm vornehmen?«

Fremder: »Auf diese Bedenklichkeiten wird es freilich notwendig sein, mich zu nennen. Ich bin der Wildschütz Stülpner.«

Ueberrascht trat der Pastor einige Schritte zurück, mußte sich erst einen Augenblick sammeln, und sprach darauf zu Stülpnern: »Ich muß über die Kühnheit erstaunen, mit welcher er so öffentlich bei mir erscheinen kann, da er doch wissen wird, daß es auch meine Pflicht ist, den landesherrlichen Befehlen Gehorsam zu leisten, und daß es daher meine Schuldigkeit erfordert, seine Gegenwart sogleich der Obrigkeit anzuzeigen.«

Stülpner: »Dies werden und können Sie nicht thun, Herr Pastor, denn, wenn ich mich auch an Ihrer Person nicht vergreifen werde, so möchte es doch keinem gut bekommen, der sich gegen mich rühren würde. – Ich bin kein böser Mensch, Herr Pastor, traurige Umstände haben mich in meine jetzige Lage gebracht. Auf meinem Gewissen ruht keine Blutschuld; aber ich stehe, wie jeder Mensch, in Gottes Hand, und in meinen Verhältnissen ist Beruhigung das dringendste Bedürfnis, diese glaubte ich bei Ihnen zu finden.«

Pastor: »Gern wollte und würde ich seinen Wunsch befriedigen, wenn nicht selbst die Ausübung der Religion den bürgerlichen Gesetzen untergeordnet wäre. – Kehre er zurück von seinem Irrwege, unterwerfe er sich der Gnade seines Landesherrn und nur dann bin ich imstande, seiner Seele Ruhe, Trost und Hoffnung auf Vergebung seiner Fehltritte zuzuführen, und nur dann erst ist er würdig und vorbereitet genug diese heilge Handlung zu begehen.«

Stülpner: »Zwingen kann ich Sie nicht, meinen so herzlichen Wunsch zu erfüllen, mir den Trost der Religion zu geben; doch ich kann Ihnen nochmals heilig versichern, daß er aus wahrem Herzen kam. Also ist es Ihnen nicht möglich, meine Bitte mir zu gewähren?«

Pastor: »Unter den jetzigen Verhältnissen unter keiner Bedingung.«

Stülpner: »Nun, so verzeihen Sie meine Freiheit und leben Sie wohl!«

Schnell verließ er die Stube und das Haus des Pastors. – Zwar zeigte derselbe den Vorfall sogleich der Obrigkeit an, man spürte Stülpnern einen ganzen Tag lang nach, allein abermals kehrten die Ausgesendeten unverrichteter Sache zurück.

Als Stülpner kurz nach seinem Erscheinen beim Pastor in Thum im Marienberger Walde sein Revier beging, wo damals der Hofjäger Pätzhold aus Wüstenschlette seinen Jagdbezirk hatte, welcher mit unter die eifrigsten Verfolger Stülpners gehörte, so trug es sich zu, daß Stülpner mit einem seiner Kameraden den Laut von Jagdhunden hörte. Sogleich wendete er sich nach der Gegend hin und erblickte einen Achtzehnender, welchen die Hunde scharf verfolgten. Stülpner legte an und schoß den Hirsch in vollem Jagen. Hierauf schleppte er ihn mit Hilfe seines Kameraden in die Jugend, um ihn hier aufzubrechen.

Nachdem dies geschehen, begiebt sich Stülpner unter Zurücklassung seines Gehülfen bei dem erlegten Hirsche auf eine Anhöhe um sich hier nach den Jägern, welche den nun von ihm geschossenen Achtzehnender verfolgten, umzusehen. Als er einige Zeit hier gestanden und unterdessen seine Büchse wieder geladen hatte, bemerkte er in noch ziemlicher Ferne auf einem großen Gehau eine Menge Reiter von der in Marienberg stehenden Kürassier-Eskadron nebst einer großen Anzahl Landleute, welche mit Hilfe der Forstbeamten aufgeboten waren, den Wald zu durchstreifen und vorzüglich Stülpnern daselbst aufzuheben. Dieser verließ jetzt, als er die ihm drohende Gefahr bemerkte, schnell seinen Posten, kehrte zu seinem Kameraden zurück und schaffte mit demselben den Hirsch fünfzehn Schritte von dem Aufbruchplatze in ein gut verwahrtes Versteck, worin er selbst mit seinem Genossen blieb.

Als dieses bedeutende Streifkorps durch den Schuß von Stülpnern aufmerksam gemacht, sich immer mehr der Gegend näherte, wo er den Hirsch erlegt hatte und zuletzt dem Orte, wo er in seinem sichern Gewahrsam weilte, so nahe kam, daß er alles vernehmen konnte, was gesprochen wurde, so hörte er unter anderem den Hofjäger Torges aus Steinbach, der über den Aufbruch des Hirsches, welcher noch ganz warm war, sowie über das Verschwinden des Wilddiebes sehr aufgebracht wurde, folgende Worte äußern: »Herr Hofjäger Pätzhold, es ist doch kein Hase, den einer schießt und steckt ihn in die Tasche und steigt damit auf den Baum; Sie haben mich heute das achtzehnte Mal zur Streifung eingeladen, ich komme nicht wieder dazu; den Kerl (Stülpnern) hat der lebendige Teufel!«

Hierauf nahm dieses ganze Streifkorps seine Richtung nach der böhmischen Grenze zu, worauf Stülpner, sich nun sicher glaubend, mit seinem Genossen wieder aus seinem Hinterhalte sich hervorwagte, den erlegten Hirsch auf einem freien Platze zerwirkte und dann das Wildpret in die stets bereit liegenden Säcke packte und so schwer beladen mit seinem Gefährten ebenfalls seinen Weg der Grenze zu einschlug.

Auf der Landstraße angekommen, verweilte er in einem großen Steinbruch, um einen Fuhrmann abzuwarten, der ihm sein Wildpret aufladen solle. Nach Verlauf einiger Zeit kommt wirklich ein Vierspänner, welcher nach Böhmen seinen Weg nimmt; sogleich geht Stülpner auf ihn zu, spricht ihn an, ob er nicht für ein gutes Trinkgeld sein Wildpret bis auf den böhmischen Gasthof in Reitzenhain mitnehmen wolle? Der Fuhrmann weigert sich erst, seinen Wunsch zu erfüllen. Da greift Stülpner in die Zügel der Pferde und droht dem Fuhrmann, »wenn er nicht sogleich sein Wildpret aufladen wolle, mit seinem Gehilfen den Wagen umzustürzen.«

Eingeschüchtert durch die drohenden Worte, ladet der Fuhrmann schließlich das Wildpret auf und nun geht es vorwärts, der böhmischen Grenze zu. Stülpner geht 200 Schritte vor und sein Kamerad 200 Schritte als Bedeckung nach dem Wagen. So gelangten sie, ohne unterwegs noch jemandem weiter zu begegnen oder angehalten zu werden, nachdem es schon sehr dunkel geworden war und überall die Lichter brannten, nach Reitzenhain.

Als sie sich dem sächsischen Gasthof näherten, war das ganze Haus voll von Militär, Forstbeamten und Landleuten, denselben, die zu Stülpners Aufgreifung aufgeboten waren. Sogar der Hof, durch welchen die Landstraße führte, war mit Menschen und Pferden angefüllt, dessen Passage jedoch beim Herannahen des schweren Frachtwagens jetzt so viel als möglich freigemacht wurde. Stülpner passierte nun ruhig, seine Büchse über der Schulter hängend, ohne in der Dunkelheit erkannt und angehalten zu werden, mitten durch seine Verfolger, und blieb, glücklich bis an die Grenze gelangt, stehen, um zu sehen, ob auch der Fuhrmann mit dem Wagen und sein Kamerad glücklich nachkämen, und da auch diese nicht weiter aufgehalten wurden, so ging es über die Grenze.

Hier angelangt, naht sich Stülpner dem Fuhrmanne mit folgenden Worten: »Nun, habe ich es nicht gesagt, daß es gehen wird?« »Ja«, erwiderte derselbe, »wenn es so abläuft, da laß ichs mir gefallen; nun kennen wir einander schon. Wenn ich daher künftig wieder dienen kann, so dürfen Sie mir nur winken, ich werde gern und jederzeit zu Diensten stehen.« Als ihn Stülpner hierauf bezahlen wollte, nahm er durchaus nichts, sondern war damit hinlänglich befriedigt, ihm dadurch eine Gefälligkeit erwiesen zu haben.

Hätten damals die so zahlreich versammelten Feinde und Verfolger Stülpners ahnen können, ihrem so eifrig verfolgten Ziele so nahe zu sein, so hätte er ihnen hier wohl schwerlich entwischen können und würde gewiß seine Tollkühnheit schwer haben büßen müssen.

Jetzt folgt eine Scene, die in Bezug auf Stülpners spätere Befreiung und Aufhebung der ihm gedrohten Strafe einen großen Einfluß hatte.

Als er einst gegen Abend in der Nähe der Heinzebank bei Marienberg auf den Anstand ging, hörte er auf der Landstraße, noch unter der Heinzebank, einen Wagen kommen und einen Postillon blasen, welcher aber nur zwei Stöße in das Horn that, worauf weder von ihm noch vom Fahren des Wagens weiter etwas gehört werden konnte. Stülpner glaubte daher, es wäre etwas mit dem Wagen vorgegangen und begab sich deshalb auf eine Anhöhe, von wo aus er die Landstraße eine große Strecke überblicken konnte.

Er bemerkte drei Straßenräuber, die den Postillon vom Pferde gerissen hatten und eben im Begriff waren, ihm den Garaus zu machen. Sogleich that Stülpner, da er die Räuber wegen der zu großen Entfernung nicht erreichen konnte, einen Schreckschuß. Sobald die Räuber den Schuß gehört hatten, flüchteten sie sich etwas tiefer in den Wald hinein, wo sie aber wieder Posto faßten, um zu sehen, was sich unterdessen ereignen würde. Stülpner eilte so schnell als möglich nach dem Postwagen hin und feuerte, als er die drei Kerle in dem Gebüsch bemerkte, seine beiden scharfgeladen Pistolen auf sie ab, worauf sie sich noch tiefer in den Wald hinein flüchteten.

Hierauf näherte er sich dem Postwagen und half zuerst dem Postillon, welcher nur einige leichte Verwundungen erhalten hatte, wieder auf die Beine, dann untersuchte er den Postwagen, worin außer einem Handwerksburschen, welchen der Postillon aus alter Bekanntschaft blind mitgenommen hatte, weiter kein Passagier zugegen war. Uebrigens enthielt die Post ein Faß mit Geld, welches wahrscheinlich der Zielpunkt der Räuber gewesen war und ohne Stülpners Dazwischenkunft und schnelle Hilfe ein Raub derselben geworden wäre. Da der Postillon noch eine große Strecke Weges durch den Wald zu fahren hatte und aus Furcht vor der Rückkehr der Räuber denselben nicht allein passieren wollte, so erbot sich Stülpner, ihn als Bedeckung zu begleiten und fuhr bis an Marienberg mit heran, wo er unter den herzlichsten Dank- und Segenswünschen des Postillons sich wieder von ihm entfernte, denselben aber bat, seinen Vorgesetzten das soeben Geschehene mitzuteilen, was der Postillon auch versprach und treulich erfüllte, da er überall diese schöne, uneigennützige Handlung Stülpners erzählte, welche von seiten der hohen Behörde sehr zu seinen Gunsten aufgenommen wurde.

Schloß Scharfenstein war zu Stülpners Zeiten im Besitz der altadeligen Familie von Einsiedel. Der derzeitige Herr von Scharfenstein hatte ebenfalls wie seine Vorfahren sich dem Militärdienst gewidmet und österreichische Dienste genommen, als Major in einem ungarischen Husarenregiment unter Laudons siegreichen Fahnen bei der Belagerung von Belgrad mehrere Wunden empfangen, die ihn unfähig machten, seine rühmliche Heldenbahn weiter fortzusetzen. Er nahm daher seinen Abschied, welcher ihm auf die ehrenvollste Art erteilt wurde, und hielt sich bis zur völligen Heilung seiner Wunden erst in Ofen und dann in Wien auf. Doch da ihm das Treiben und das Volksgewühl dieser großen Residenz bald zum Ueberdruß wurde, beschloß er, wieder nach Sachsen zurückzukehren und in der ländlichen Stille seines Schlosses die ihm noch vergönnte Lebenszeit zu genießen.

Während seiner langen Abwesenheit wurde das Rittergut Scharfenstein von einem Pächter, Philipp mit Namen, verwaltet, der als wohlhabender, rechtschaffener Mann die Achtung der ganzen Umgegend genoß.

Groß war die Freude und der Jubel der Bewohner und sämtlicher Unterthanen von Scharfenstein, als sie aus der geschäftigen Eile, womit das Innere des Schlosses zu einem festlichen Empfang geschmackvoll eingerichtet und vorbereitet wurde, nun auf die baldige Ankunft ihres allverehrten Herrn schließen konnten, und als er endlich plötzlich in Scharfenstein eintraf, eilte Jung und Alt in den Schloßhof, um ihn nach so langer Abwesenheit wieder zu sehen und freundlich zu begrüßen. Liebreich trat der edle Major in ihre Mitte und versicherte seinen treuen Unterthanen, sie nun nie wieder zu verlassen, und als Freund und Vater für sie fernerhin Sorge tragen zu wollen.

Da die Bewirtschaftung des Ritterguts wie früher dem Pächter anvertraut blieb, so verwendete der Major, um sein gegebenes Versprechen treu zu erfüllen, meistenteils seine Mußestunden dazu, sich von den spezielleren Verhältnissen seiner Unterthanen in Kenntnis zu setzen. Liebevoll nahm er an den Schicksalen armer, bedrängter Familien teil und spendete überall gern Hilfe, wo es nötig war; auch in moralischer Hinsicht trug er viel zum Wohle seiner Untergebenen bei.

Im Gerichtsarchiv fand er einen Stoß Akten vor, die, Stülpnern betreffend, seine Aufmerksamkeit auf letzteren lenkten; er hatte übrigens auch schon früher von ihm gehört und beschloß, auch diesen seine Teilnahme erregenden Menschen näher kennen zu lernen. Der Major erkundigte sich in Scharfenstein und in der Nachbarschaft genau nach Stülpners Erziehung, Charakter und Lebenswandel. Da nun das Resultat der Meinungen gewöhnlich immer darin übereinstimmte, daß Stülpner hinsichtlich seines Gewerbes allerdings wider die Gesetze gehandelt und noch handle, er aber durchaus kein bösartiger und gefährlicher Mensch sei, sich außer seinem verbotenen Treiben als Wildschütz noch nie eine schlechte Handlung habe zu Schulden kommen lassen und daß er wahrscheinlich ein sehr brauchbarer und nützlicher Mensch geworden wäre, wenn er gleich von vorn herein eine bessere Erziehung erhalten hätte, so beschloß der Herr von Einsiedel, seiner traurigen Lage eine bessere Wendung zu geben und womöglich durch seinen Bekanntenkreis am Hofe ihm eine Begnadigung des Landesherrn auszuwirken.

Doch konnte er nicht umhin, den schon früher erwähnten Inspektor G. in Thum und damaligen Gerichtsverwalter zu Scharfenstein, als er kam, um dem Major seine Aufwartung zu machen, über das schnelle Verfahren gegen Stülpner einige Verweise zu geben, indem er ihm zu verstehen gab, daß wohl mancher Mensch nicht zum Verbrecher herabsänke, wenn er oft anders behandelt worden wäre und daß dies wohl auch der Fall bei Stülpnern sein könne.

Der Gerichtsdirektor wollte entschuldigend einwenden, daß er während der Abwesenheit des Gerichtsherrn nicht habe anders handeln können, doch ließ dies der Major nicht gelten.

Mit dem Herrn von Einsiedel vereinigte sich unterdessen zur Befreiung Stülpners auch der Rittmeister von Zinsky auf Hilmersdorf, welcher ebenfalls die edlen Gesinnungen des Majors teilte und nun gemeinschaftlich mit diesem für seine Begnadigung wirkte.

Während dieser Zeit erhielt eines Tages der Pächter Philipp durch unbekannte Hand ein Billet, worin er ersucht wurde, zu einer bestimmten Stunde im nahen Walde allein zu erscheinen, ein alter Bekannter habe etwas Notwendiges mit ihm zu besprechen. Der Pächter wunderte sich zwar über diese sonderbare Einladung, doch beschloß er, bei dem Bewußtsein seiner Rechtschaffenheit, ohne Bedenken zur festgesetzten Zeit an der bezeichneten Stelle zu erscheinen.

Kaum war er daselbst angelangt, als Stülpner wie gewöhnlich mit gespannter Büchse aus den schattigen Bäumen heraustrat, und da er den Geladenen allein sah, den Hahn wieder in Ruhe setzend, mit einem höflichen Gruß auf den Pächter zuging. Mit bescheidenem, aber festem Tone bat er hierauf denselben um Verzeihung, daß er ihn hierher bemüht habe, legte seine Gesinnung und die Ursache seiner Handlungsweise unumwunden dar und gestand nun ganz offenherzig, daß er nicht geglaubt hätte, daß sich seine Angelegenheiten auf eine so traurige Art gestalten würden. Zugleich bat er den Pächter, sich für ihn bei dem Major von Einsiedel zur Milderung seiner Lage zu verwenden.

Mit ernster Miene erwiderte hierauf der Pächter, daß er am allerwenigsten hier mit ihm zusammen zu kommen erwartet hätte, es sei doch eine große Dreistigkeit, bei den seinetwegen ergangenen Befehlen sich ihm hier noch zu zeigen.

»Verzeihen Sie, Herr Pächter,« entgegnete Stülpner, »eben diese Befehle veranlaßten mich, Sie hierher einzuladen. In meiner Lage ist es leider fast unmöglich, auf direktem Wege mit einem rechtschaffenen Manne ein Wort sprechen zu können, weshalb ich mich genötigt sah, diesen einzuschlagen, um Sie wegen meiner Lage um Ihren guten Rat zu fragen.«

Pächter: »Ich muß gestehen, daß Er mich in eine große Verlegenheit versetzt, da es mir sehr zum Nachteile gereichen kann, wenn ein Dritter uns hier beisammen sieht; ein jeder ist ja verpflichtet, Ihn zu verhaften.«

Stülpner: »Einem so rechtschaffenen Mann wie Sie kann dies keinen Nachteil bringen, wie wollten Sie mich auch allein (lächelnd nach der Büchse greifend) verhaften? Außerdem zwinge ich Sie ja nicht, mir Rede zu stehen. Doch ich will Sie nicht länger aufhalten, darum zur Sache: Welche Strafe würde mich wohl treffen, wenn man mich in die Gewalt bekäme?«

Pächter: »Das Entspringen aus dem Arrest wird für doppelte Desertion angerechnet werden, welche Strafe Ihm bekannt sein wird, und als Wilddieb droht ihm Festungsbau.«

Stülpner wurde bei den letzten Worten sehr bewegt. »Festungsbau?« rief er erschüttert. »Also doch diese harte Strafe für ein Vergehen, welches ich durchaus nicht als ein so großes Verbrechen erachtet habe. Wenn es da keinen Mittelweg giebt, dann muß es wohl beim Alten bleiben, und da mag es kommen, wie es will.«

Da ihm der Pächter entgegnete, daß seine Begriffe in Bezug auf die Wilddieberei sehr falsch wären, bei solch allgemeiner Willkür würde das Wild in kurzer Zeit ausgerottet sein, gestand es Stülpner zu und wollte auch seinen gewöhnlichen Grundsatz darin nicht weiter rechtfertigen. Hierauf fragte er den Pächter, ob er wohl eine Milderung seiner Strafe zu erwarten hätte, wenn er sich freiwillig der Obrigkeit ausliefere.

Pächter: »Dies hängt von der Gnade des Landesherren ab.«

Stülpner: »Ich würde gern und augenblicklich zu meinem Regiment wieder zurückkehren und mich der Strafe als Deserteur freiwillig unterwerfen, wenn ich nur die Versicherung erhalten könnte, daß ich nicht als Wilddieb bestraft würde.«

Pächter: »Diese Versicherung zu geben, steht nicht in meiner Gewalt, doch käme es auf einen Versuch an.«

Stülpner: »Dieser Versuch möchte doch wohl zu gewagt sein. Ich sehe wohl ein, daß ich mich ferner, auch bei dem besten Willen, zurückzukehren und meinem Gewerbe zu entsagen, unstät und flüchtig umhertreiben muß. Doch es sei. – Nur noch eine Bitte habe ich wegen meiner kranken Mutter an Sie, Herr Pächter, von deren Erfüllung ich bei Ihrem edlen Charakter überzeugt bin. Wenden Sie womöglich ab, daß sie mit in mein trauriges Geschick verflochten wird; denn ich kann Ihnen bei Gott versichern, daß sie an meinen Unternehmungen keine Schuld hat, und durchaus von meinem Aufenthalte nicht unterrichtet ist. Habe ich mir bisher noch keine boshaften Handlungen zu schulden kommen lassen; so könnte doch durch die Mißhandlungen meiner Mutter dazu fürchterlich gereizt, sehr leicht die erste Mordthat auf meine Seele gebunden werden.«

Pächter: »So wäre es wohl seine heilige Pflicht, für sie sich aufzuopfern und hierdurch ihre Ruhe nicht ferner zu stören.«

Stülpner: »Wie gern würde ich dies thun, wenn nur ein Mittel da wäre, mich von der schimpflichen Strafe zu befreien. Doch länger will ich Sie nicht mehr aufhalten, da wir sonst bemerkt werden könnten. Nur noch die Versicherung wollte ich Ihnen geben, daß ich mich ohne Erlassung der mir drohenden Strafe auf keine Weise lebendig gefangen geben werde. Können Sie übrigens etwas für mich thun, so werde ich es mit dem dankbarsten Herzen anerkennen und Ihnen durch die That beweisen, daß Sie sich für keinen so ganz Unwürdigen verwendet haben. Leben Sie wohl und verzeihen Sie mir meine Ihnen verursachte Bemühung!«

Mit diesen Worten verschwand Stülpner wieder in sein Versteck, der Pächter kehrte nicht ohne Bewegung und Teilnahme in seine Wohnung zurück.

Der Pächter, von der Teilnahme des Majors für Stülpners Lage überzeugt, konnte nicht umhin, seine Zusammenkunft mit demselben ihm mitzuteilen, worüber der Major sich wirklich zu freuen schien, indem er hieraus ersah, daß es Stülpners ernstlicher Wille sei, von seinem verbotenen Lebenswandel abzustehen, was ihn noch mehr bewog, für die Milderung seiner Lage zu wirken.

Kurze Zeit darauf begegnete Stülpner auf einem einsamen Spaziergange selbst dem Major von Einsiedel, der in Begleitung des Rittmeisters von Zinsky war. Ruhig und höflich seinen Hut zum Gruße ziehend, ging er auf diese Herren zu, brachte in bescheidenen Worten die gewöhnliche Entschuldigung und Verteidigung seiner Lebensart vor und versicherte aufrichtig, daß er des wilden und jetzt sogar vogelfreien Lebens herzlich müde sei und bat zugleich den Major sich seiner gnädig anzunehmen und sich für ihn zu verwenden.

Ruhig und gleichsam wohlgefällig hatte der Major zugehört und seine Miene deutete an, daß er die gute Meinung, welche er nach allem, was ihm von Stülpner mitgeteilt worden war, für ihn gefaßt hatte, bestätigt fand. Nachdem er ihm hierauf eine kurze Strafpredigt wegen seines unerlaubten und sträflichen Gewerbes gehalten und ihm das Widerrechtliche seiner Handlungsweise näher auseinandergesetzt hatte, versprach er, sich unter der Bedingung für ihn zu verwenden, wenn er von diesem Augenblicke an von seiner Lebensart als Wildschütz abstehe und sich ganz ruhig verhalte.

Stülpner versprach hierauf mit Hand und Mund, daß er sich ganz nach dem Wunsche und Befehle des Herrn Majors verhalten wollte und versicherte nochmals, daß, wenn er nur als Wildschütz freigesprochen würde, er sich unbedingt bei seinem Regiment einstellen und sich der Strafe als Deserteur unterwerfen würde.

Als der Rittmeister von Zinsky, welcher bisher stillschweigend dieser Verhandlung mit beigewohnt hatte, hierauf noch erwiderte, daß es wohl gut sei, wenn Stülpner von nun an seinem bisher geführten unerlaubten Lebenswandel entsage und keine tollen Streiche mehr begehe, aber wovon solle er denn unterdessen leben, da er sich ja unter seinen gegenwärtigen Umständen nichts verdienen könne? – »Nun so,« entgegnete der Major, »verspreche ich ihm wöchentlich bis zur Ausgleichung seiner Sache, einen Laubthaler,« »und ich,« sprach der Rittmeister, »gebe ihm alle vierzehn Tage ein Viertel Korn, das er sich bei mir abholen kann, somit hat er Geld und auch Brot.«

Stülpner, der wirklich über die edle Teilnahme dieser beiden Herren sehr überrascht und gerührt wurde, gelobte nochmals, unter dem aufrichtigsten Dank für diese gnädige Unterstützung, daß er schon von heute an sich ganz streng nach ihrem wohlgemeinten Rate verhalten und seinem Leben als Wildschütz entsagen wolle, und bat und fragte den Major, ob er sich wohl nun in der Behausung seiner Mutter aufhalten dürfe?

»Gestatten kann ich dieses zwar nicht,« erwiderte der Major, »doch es wird, wenn Du Dich ruhig verhältst, niemand etwas dagegen haben,« und so schied er, nach kurzem Abschiedsgruß mit seinem Freunde nach dem Schloß zurückkehrend, von Stülpnern, der noch lange in Gedanken versunken diesen edlen Menschenfreunden nachblickte, und endlich den Weg zu seiner Mutter einschlug, um diese von dem soeben Vorgefallenen zu benachrichtigen, und gleich zu seinem gegenwärtigen Entschluß Vorkehrungen zu treffen.

Seine Mutter war über diese Botschaft ungemein erfreut, da ihr der unstäte und strafbare Lebenswandel ihres Sohnes schon so manchen Kummer verursacht hatte, und bot alles auf, um ihn in seinem löblichen Vorhaben mit ihren geringen Kräften zu unterstützen.

Stülpner hielt auch der Verabredung mit dem Major gemäß streng sein Versprechen, da er nicht nur seinem Gewerbe ganz entsagte, sondern sich auch ganz ruhig bei seiner Mutter aufhielt und mit großem Verlangen der Zeit entgegensah, wo er nicht mehr als ein aus der menschlichen Gesellschaft Verbannter flüchtig herum zu irren brauche; er hatte wirklich das bisher geführte Leben herzlich satt und sehnte sich nach Ruhe.

So waren mehrere Wochen verflossen und obgleich Stülpnern im Verlaufe dieser Zeit keine bestimmten Aussichten auf Begnadigung eröffnet wurden, so war er doch auch nicht in seiner Zurückgezogenheit bei seiner Mutter beunruhigt worden. Doch plötzlich zog sich ein so heftiges Gewitter über seinem Haupte zusammen, welches alle seine schönen Hoffnungen zu zertrümmern drohte.

Der Gerichtsdirektor G., Stülpners unversöhnlicher Feind, hatte es dem Major von Einsiedel nicht vergessen können, daß er ihm wegen seines zu strengen Verfahrens gegen Stülpnern einige Vorwürfe gemacht hatte und bot alles auf, um sich auf irgend eine Art an ihm zu rächen.

Als er durch seine Kundschafter in Erfahrung gebracht hatte, daß sich Stülpner schon seit einiger Zeit ganz ungescheut in der Behausung seiner Mutter aufhalte, so glaubte er jetzt am besten seine Rache befriedigen zu können, nur war ihm die Anwesenheit des Majors in Scharfenstein noch im Wege, da er bei der Gegenwart desselben am Gelingen seines Unternehmens zweifelte, doch auch dieses Hindernis wurde bald zu seiner Freude beseitigt, der Major reiste auf einige Zeit nach Glauchau zum Besuch. Kaum hatte der Gerichtsdirektor diese Botschaft erhalten, als er auch die Forstbeamten der Umgegend, sowie ein Militärkommando aufforderte, sich an einem bestimmten Abend, wo man Stülpnern bei seiner Mutter gewiß vermutete, in Scharfenstein zu seiner Aufhebung sofort einzufinden.

Dem Befehle Folge leistend, stellten sich die Forstbeamten, sowie der Gerichtsverwalter selbst nebst seinem treuen Diener, dem Gerichtsfrohn W., zur festgesetzten Zeit auf dem Schlosse zu Scharfenstein ein, wo man sichs bei dem gastfreien Pächter bis zum Einbruch der Nacht wohlgefallen ließ, ohne jedoch gegen denselben von dem wichtigen Vorhaben etwas verlauten zu lassen, da man seine menschenfreundliche Gesinnung kannte.

Nicht lange darauf traf auch nach eingebrochener Nacht ein Kommando von 79 Mann unter Anführung des Premierlieutenant Oe. aus Annaberg, wo ebenfalls ein Bataillon vom Regimente Prinz Maximilian stand, in Scharfenstein in aller möglichen Stille ein.

Der Abend, es war gegen Ende des Novembers, war ganz zu diesem Unternehmen geeignet; Rabenschwärze bedeckte die Erde, ein wilder Sturm heulte durch den nahen Forst, zum Rauschen des Wehres gesellte sich das Klappern der Schloßmühle.

Wer in die Zurüstung eingeweiht war, hielt Stülpnern für verloren. Mit einer so großen Vorsicht und Stille, daß selbst der wachsamste Kettenhund nicht einmal anschlug nahte man sich dem Hause und umringte es so dicht als möglich.

Stülpner, von allen diesen ernsten Anstalten nichts ahnend, befand sich wirklich, wie er seit der Verabredung mit dem Major zu thun pflegte, bei der

Ankunft dieser wohlbewaffneten Schar ganz sorglos in der Behausung seiner Mutter und hatte sich soeben, da es schon 10 Uhr war, auf die Ofenbank, seinem gewöhnlichen Lager, niedergelegt, als er plötzlich ein heftiges Pochen an der Hausthür vernimmt.

Sogleich springt er von seinem Lager auf, um zu sehen, was es giebt. Als er die Hausflur so leise als möglich öffnet, bemerkt er, trotz der großen Finsternis, eine große Menge bewaffneter Menschen, und sofort die ihm drohende Gefahr erkennend, verbirgt er sich schnell, ohne weiter bemerkt zu werden, hinter der Hausthür. In aller Hast dringen der Gerichtsdirektor mit seinen Helfershelfern, der Gerichtsdiener, der Offizier und einige Unteroffiziere, die Jäger und das Gerichtspersonal von Scharfenstein, alle wohlbewaffnet, mit versteckten Laternen in das Haus und in die Wohnstube Stülpners ein, um ihn so geschwind wie thunlich in ihre Gewalt zu bekommen. Stülpner, der in seinem Hinterhalte durch das ungestüme Vordringen nicht bemerkt worden war, näherte sich unterdessen schnell wieder der Hausflur und bahnt sich nun durch einige kräftige Sätze und unsanft ausgeteilte Rippenstöße einen Weg mitten durch die das Haus umzingelnde Besatzung, schlug sich glücklich durch und eilte nach dem zunächst liegenden Dorfe Grießbach, wo er bei einem Bauern seine Doppelbüchse in Verwahrung hatte, um damit sogleich wieder nach Scharfenstein zurückzukehren.

Unterdessen wurde von den eingedrungenen Personen, die von Stülpners Flucht sich immer noch nicht überzeugen wollten, das ganze Haus durchsucht, alles umgestürzt und aufgebrochen, selbst die Dielen aufgerissen und in die Feueresse geschossen, doch alles umsonst, kein Stülpner war zu sehen, und der gehoffte Ruhm und die voreilige Freude verwandelte sich in Mißmut und Unwillen.

Man fand weiter nichts von ihm, als den auf dem Tisch liegenden scharf geschliffenen Hirschfänger, die an der Wand hängende Jagdtasche und einen Rock, welche Gegenstände man mit Beschlag belegte.

Stülpners arme Mutter, die sich schon früher in ihre Kammer zur Ruhe begeben hatte, wurde von dem tyrannischen Gerichtsdiener W. gewaltsam aus dem Bette gerissen und in die Stube geschleppt, wo sie unter Drohungen den Aufenthalt ihres Sohnes angeben sollte. Der Schreck, die Verwirrung und die Angst der armen Frau waren so groß, daß sie erst lange nicht vermögend war, die an sie gerichteten stürmischen Fragen zu beantworten. Endlich, als sie unter den Anwesenden einige Bekannte erblickte, kam sie wieder etwas zur Besinnung und gestand ganz offen, daß ihr Sohn Karl allerdings noch vor einer Stunde dagewesen wäre, daß sie aber durchaus nicht wisse, wohin er sich geflüchtet habe, da sie sich schon früher niedergelegt und daher von seinem plötzlichen Verschwinden gar nichts habe bemerken können.

Als man ihr hierauf die bittersten Vorwürfe machte, daß sie ihren Sohn bei seinem verbotenen Gewerbe noch beherberge und daher selbst große Strafe verdient habe, sagte sie: »Ich weiß wohl, daß mein Karl einen unerlaubten Lebenswandel geführt hat, allein ich kann es mit einem Eid beschwören, daß ich keine Schuld daran habe, sondern ihn im Gegenteil oft flehentlich gebeten, davon abzustehen, da es doch endlich zu nichts Gutem führen könne, worauf er mir in der letzten Zeit versicherte, daß er sich fest vorgenommen, seinem Gewerbe zu entsagen und es auch schon gethan habe. Von Seiten hochgestellter Herren wird für seine Begnadigung gearbeitet und bis zur Ausgleichung seiner Sache könnte ich, wie mir gesagt wurde, meinen Sohn beherbergen.«

Da man aus der Alten weiter nichts herausbringen konnte, wurde beratschlagt, wie man mit ihr weiter verfahren solle. Einige schlugen vor, sie in Gewahrsam zu nehmen, andere stimmten dahin, sie lieber auf freiem Fuß zu lassen, um so durch Verstellung und List von ihr ein andermal zu erfahren, was man eben jetzt vergeblich wünschte.

Freundlicher sprach man daher jetzt mit ihr, schien ihren Worten völlig Glauben zu schenken und äußerte endlich die Gewißheit, daß ihr Sohn eine gelinde Strafe bekommen werde, wenn man ihn aufgreifen würde und beklagte nur, ihr heute diese Unruhe gemacht zu haben, was nicht geschehen wäre, wenn sie nicht auf höheren Befehl hätten handeln müssen.

Unterdessen brach der Tag an und die Untersuchungen waren leider nicht nach Wunsch beendigt.

Der Offizier, der Gerichtsverwalter und die Forstbeamten begaben sich hierauf wieder auf das Schloß, um von den nächtlichen Strapazen auszuruhen.

Das Militärkommando wurde in der Schenke und den zunächst liegenden Häusern einquartiert und beordert, sich um 8 Uhr morgens am Fuße des Schloßberges zum Rückmarsch nach Annaberg zu versammeln.

Während dies alles hier vorging, war Stülpner in Grießbach ebenfalls nicht unthätig. Da er seine ganze Munition in seiner Jagdtasche verwahrt hatte, welche er nebst seinem Hirschfänger wegen der Schnelle seiner Flucht im Stiche hatte lassen müssen, so sah er sich jetzt genötigt, aus Kommißkugeln kleinere Kugeln für die Mündung seines Gewehrs mit dem Messer zu schnitzen, zu welch' saurer Arbeit er zwei volle Stunden brauchte.

Als er damit fertig war, eilte er noch vor Tagesanbruch in der größten Finsternis und bei schrecklichem Regenwetter wieder nach Scharfenstein zurück, um zu sehen, wie die Sache inzwischen abgelaufen sei, und nahte sich nun unerschrocken mit gespannter Büchse der Wohnung seiner Mutter. Da die Besatzung kurz vor seinem Erscheinen wieder abgezogen war und er niemand weiter gewahrte, klopfte er an den Fensterladen seines Nachbars, um sich hier näher nach allem zu erkundigen.

Hier hörte Stülpner ausführlich sowohl die schändliche Behandlung seiner schuldlosen Mutter als auch von der Beschlagnahme seiner Utensilien, sowie überhaupt von der großen Verwüstung, welche bei dem Durchsuchen des Hauses verübt worden war, und alles dies versetzte ihn in solche Wut, daß er sogleich auf die Nachricht, der Gerichtsdirektor, der Offizier und die Forstbeamten hätten sich aufs Schloß begeben, auch das Militär wäre in der Schenke wie in deren Nähe einquartiert, nach dem Schlosse zu stürmte, sich gegen 6 Uhr früh mit seiner scharfgeladenen Büchse unten vor das erste Thor des Schlosses stellte, um hier auf die Heimkehr der genannten Herren zu warten und sie so höflich als möglich zu begrüßen.

Als er so einige Zeit, den Blick unverwandt auf das Schloß gerichtet, dagestanden hatte, kamen die Lokalgerichtsbehörden von Scharfenstein aus dem Schlosse, welche die mit Beschlag belegten Gegenstände Stülpners, seinen Rock, den Hirschfänger und die Jagdtasche trugen, um sie auf Befehl des Gerichtsdirektors sogleich an das Amt Wolkenstein abzuliefern.

Sobald diese Stülpner sahen, donnerte er sie mit den Worten an: »Wo wollt Ihr mit meinen Sachen hin? Sogleich legt Ihr sie hier vor mir nieder oder (die Büchse auf sie anlegend) ich schieße Euch alle zusammen!«

Bestürzt und vor Angst zitternd, befolgten die Behörden seinen Befehl, woraus er denselben noch anbefahl, sogleich in das Schloß wieder zurückzukehren: und den Herren daselbst zu sagen, daß sich Stülpner selbst seines Eigentums wieder bemächtigt habe. Während diese froh, ohne Schaden davon gekommen zu sein, auch hierin pünktlich Folge leisteten und wieder in das Schloß zurückwanderten, zog unterdessen Stülpner seinen Rock an, schnallte seinen Hirschfänger um, hing sich seine Jagdtasche über, worin sich noch unangetastet seine ganze Munition befand, und war froh, so wohlbewaffnet seine Feinde erwarten zu können.

Als er sich wieder auf seinen Posten gestellt hatte, sah er plötzlich den Offizier, den Gerichtsdirektor und die Forstbeamten, alle beritten, aus dem Schloßthore herauskommen und rief ihnen ein fürchterliches »Halt!« entgegen. Als diese Stülpnern in seiner drohenden Stellung sahen, wollten sie sofort in das Schloß zurückreiten; da fielen plötzlich zwei Schüsse, deren beide Kugeln das Hinterteil von dem Braunen des Oberförsters Pügner aus Geyer trafen.

Auf diese tollkühne That Stülpners ward sofort das Thor verrammelt und aus den Schloßfenstern auf das Wirtshaus hinabgerufen, daß das daselbst befindliche Militärkommando sogleich aufbrechen und auf Stülpnern, der seinen Posten noch immer keck behauptete, Feuer geben solle.

Stülpner hörte den Befehl ruhig an, lud seine Büchse wieder und begab sich von seinem Posten in den herrschaftlichen Bleichgarten, um hier das Militär zu erwarten. Als das Militär in Sturmschritt anrückte, schrie Stülpner mit donnernder Stimme ihnen zu:

»Hat einer Lust, auf mich Feuer zu geben, so schieß er in drei Teufelsnamen, mich schießt keiner tot!« (Dies sind seine eignen Worte, bemerkt hierzu Schönberg und fügt noch hinzu, daß Stülpner heute noch die wahnsinnige Idee behaupte, kugelfest zu sein; im Stockböhmischen habe ihm ein Mönch ein Präservativ gegeben, das allen Kugeln Trotz biete).

Ohne nur im mindesten von den Musketen Gebrauch zu machen, eilte sämtliches Militär an Stülpner vorüber und auf das Schloßthor zu, welches, nachdem alle in den Schloßhof eingetreten waren, wieder zugeschlossen und so fest wie möglich verrammelt wurde.

Stülpner, der früh 6 Uhr seinen Posten betrat, behauptete denselben bis fast zum Einbruch der Nacht, ohne daß die so zahlreiche und wohlbewaffnete Besatzung im Schlosse einen Ausfall auf ihn zu machen wagte, und begab sich hierauf, nachdem er erst bei seiner Mutter eingekehrt war, wieder nach Grießbach.

Als die Herren vom Schlosse aus Stülpnern endlich wieder abziehen sahen, wagten sie erst ihre Heimkehr anzutreten, doch ohne sich wieder zu Pferde zu setzen, sondern von dem Kommando als Schutzwache umgeben, ließen sie ihre Pferde nachführen.

So endete diese Szene, die unstreitig mit zu den tollkühnsten Handlungen gehört, die Stülpner verübte.

Viele der freundlichen Leser werden vielleicht selbst diese Tollkühnheit Stülpners, die allerdings das Glaubhafte zu übersteigen scheint, bezweifeln, doch lebten zu Schönbergs Zeiten in Scharfenstein und Umgegend noch viele, die Augenzeuge dieses tollen Vorganges gewesen waren; und dann muß man voraussetzen, daß Stülpner überhaupt nichts zu verlieren und zu gewinnen hatte, auch des unstäten Umhertreibens höchst überdrüssig war; er scheute den Tod nicht und nur zu gut wußte man, daß derjenige, welcher überhaupt Miene machte, auf ihn zu schießen, mit ihm zugleich sein Grab gefunden haben würde. Seine körperliche Stärke, seine Geistesgegenwart und seine Sicherheit im Schießen waren allbekannt. Dazu kam noch, daß das Militärkommando von Stülpners früherem Regimente Prinz Maximilian war, unter welchem er noch viele Anhänger und Bekannte hatte, welches daher nur im äußersten Notfalle den Befehl, welcher überhaupt damals in Scharfenstein nicht von dem Offizier, sondern von dem Gerichtsdirektor ausgegangen war, auf ihn zu schießen, würde respektiert haben. Wenn man daher dieses alles erwägt, wird man es gar nicht so unbegreiflich finden, daß Stülpner seinen so zahlreichen Verfolgern nicht nur glücklich entging, sondern sich sogar keck genug ihnen, zum Kampfe gerüstet, entgegen stellte und sie gleichsam auf Leben und Tod herausforderte.

Zwei Tage nach diesem merkwürdigen Vorfall und mißlungenen Streifzug gegen Stülpner begegnete ihm ein Mann aus Geyer, dem er auftrug, zum Oberförster Pügner zu gehen und ihm im Auftrage Stülpners zu sagen, daß der Oberförster ja nicht glauben solle, jener Schuß am Schloßberge habe seiner Person gegolten und die Kugel hätte durch einen Fehlschuß nur sein Pferd getroffen. Stülpner hätte ihm nur zeigen wollen, daß er sich in seiner Nähe befinde und daß er überhaupt geladen hätte. Wenn sich aber künftig der Herr Oberförster noch mehr um ihn bekümmern würde, dann gäbe es Kugeln für ihn selbst, und er würde wohl wissen, daß Stülpner noch nie gefehlt habe.

Allgemeines Aufsehen mußte natürlich dieser abenteuerliche Feldzug gegen Stülpner erregen, zumal da die große und wohlgerüstete Anzahl seiner Verfolger, trotz ihrer mit so vieler Vorsicht und Mühe getroffenen Maßregeln, anstatt ihn in ihre Gewalt zu bekommen, zuletzt vor ihm selbst flüchteten. Ueberall wurde Stülpners Bravour gerühmt und verbreitet; nur der Gerichtsdirektor G., der als Urheber der ganzen Sache mit seinem treuen Gerichtsdiener so unrühmlich wieder abziehen mußte, konnte der Schadenfreude, die ihm aus den meisten Gesichtern so deutlich entgegenleuchtete, nicht entgehen, und war über das Mißlingen seines so gut ausgedachten Planes ganz niedergeschlagen und trostlos.

Er wurde es aber noch weit mehr, als Stülpner ebenfalls wie nach Geyer zum Oberförster Pügner ihm sagen ließ, daß er ihm zwar das Wiedererscheinen in Scharfenstein nicht verwehre, aber er zweifle sehr, ob er dasselbe mit gesunder Haut wieder verlassen würde. Diese Drohung schüchterte den guten Mann so ein, daß er eine Zeit lang nicht wagte, seine Wohnung zu verlassen, noch viel weniger getraute er sich nach Scharfenstein zu reisen, um daselbst Gerichtstag zu halten.

Die fürchterlichste Rache aber schwur Stülpner dem Gerichtsdiener W., welchem er es nicht vergessen konnte, daß er seine arme, schuldlose Mutter bei jener Hausvisitation so schändlich gemißhandelt und weil er auch früher immer geäußert hatte, wenn ihm nur Stülpner einmal in den Weg käme, er wolle gewiß mit ihm fertig werden. Wir werden bald hören, wie Stülpner ihn für seine Prahlerei und die Mißhandlung seiner Mutter bestraft.

Hinsichtlich des Militärkommandos that es Stülpnern leid, gestehen zu müssen, daß es sich nicht wie eine zivilisierte Truppe benommen hätte, bei der Hausdurchsuchung hatten sie von dem Boden seine sämtliche Wäsche, bestehend in drei Dutzend Hemden, zwei Dutzend Strümpfen, einem Dutzend Taschentüchern und einem Paare neuen kalbledernen Stiefeln, sowie aus der Vorratskammer alle Würste, Schinken und dergleichen mit sich genommen.

Als der Major von Einsiedel kurz darauf wieder nach Scharfenstein kam und den ganzen Hergang der Sache, von welcher er übrigens schon in Glauchau Nachricht erhalten hatte, näher erfuhr, war er über den Gerichtshalter, der dieses alles während seiner Abwesenheit unternommen, höchst unwillig und aufgebracht, zumal derselbe schon längere Zeit keinen Gerichtstag in Scharfenstein gehalten hatte.

Der Major und sein Pächter Philipp suchten Stülpnern persönlich bei seiner Mutter auf, um ihm zu sagen, daß er den Verlust der bei jener Hausvisitation entwendeten oder zertrümmerten Gegenstände angeben solle, welche der Gerichtsverwalter gern unter der Bedingung ersetzen werde, wenn er künftighin ihn ungehindert nach Scharfenstein passieren lasse.

Stülpner ließ sich endlich durch vieles Zureden dazu bewegen und verlangte 50 Thaler Schadenersatz, indem er dem Major mit Handschlag versprach, den Gerichtsdirektor nicht weiter zu beunruhigen, sobald er dieses Geld erhalten hätte; doch nur die einzige Bedingung noch, der Gerichtsverwalter solle nie wieder seinen Gerichtsdiener mitbringen, wenn dieses geschehe, könne er nicht dafür stehen, daß er lebend nach Thum zurückkehre. Der Major versprach ebenfalls Stülpnern, daß, so lange er leben würde, kein Gerichtsfrohn bei dem zu haltenden Gerichtstage Scharfenstein betreten solle.

Nach diesem geschlossenen Friedensvertrage wurde sogleich ein Bote nach Thum abgesendet, um dem Gerichtsdirektor diese Botschaft zu überbringen. Wer war froher als dieser, durch so leichten Kauf sein Leben wieder gesichert zu sehen. Sogleich siegelte er die geforderte Summe von 50 Thalern ein und übersendete dieselbe an den Pächter Philipp, um sie Stülpnern einzuhändigen. Stülpner ärgert sich heute noch, bemerkt hierzu Schönberg, nicht 100 Thaler verlangt zu haben, vielleicht hätte er dieselben ebenso bereitwillig erhalten.

Drei Tage darauf kam schon der Gerichtsdirektor, um Gerichtstag zu halten, doch dem Vertrage gewiß, ohne seinen treuen Diener mitzubringen. Allein nach Verlauf von einem halben Jahr, als der Gerichtsdirektor eine

Exekution in Scharfenstein hatte, brachte er wirklich seinen Gerichtsfrohn wieder mit, wahrscheinlich hoffte er, daß entweder Stülpner nicht anwesend sei, oder daß seine Wut gegen denselben sich abgekühlt habe. Doch er täuschte sich, denn kaum hatte Stülpner von seinem Wiedererscheinen in Scharfenstein gehört, als er sich sogleich aufmachte, um ihm aufzulauern und seine Drohung wahr zu machen.

Als daher der Gerichtsdiener wieder nach Thum zurückkehren wollte, erwischte ihn Stülpner ungefähr 300 Schritte vom Schlosse entfernt und rief ihm mit seiner gewöhnlich donnernden Stimme zu: »Bist Du der Büttel aus Thum?« worauf dieser, seinen Todfeind erblickend, mit stotternder Stimme »Ja« antwortete. Hierauf sprang Stülpner auf ihn zu und richtete erst folgende kräftige Worte an ihn: (Stülpners eigene Worte) »Du bist also der Schurke, der meine alte Mutter so schändlich gemißhandelt hat, und Du hast geprahlt, mich in Deine Gewalt zu bekommen und sei ich in einer Entfernung von zwei Stunden! Hast Du Teufelskünste, so zeige sie!« Bei diesen letzten Worten stürzte der arme Diener der Themis auch schon von Stülpners kräftiger Faust getroffen, zusammen, raffte sich aber schnell wieder auf und entfloh bis in die Nähe des Richters, wo ihn Stülpner wieder einholte, wie ein Blitz ihm sein großes, spanisches Rohr entwandt und damit so lange auf ihn losschlug, bis es zuletzt in Stücke zersprang, welche Ueberreste seines stolzen Paniers er ihm mit den Worten ins Gesicht warf: »Hier Kerl, hast Du vollends den Dank für Deine Prahlerei und für die an jenem Abende bei der Hausvisitation an meiner armen Mutter ausgeübte Mißhandlung.«

Der am ganzen Körper zerfetzte und auf dem Boden sich herumkrümmende Gerichtsdiener richtete sich endlich mit vieler Mühe wieder auf und wollte vor Scham und Wut knirschend wieder nach dem Schlosse zurückkehren, um sich daselbst Hilfe zu verschaffen; allein Stülpner, der seinen Plan sogleich erkannte, vertrat ihm den Weg mit den Worten: »Du gehst dorthin (ihm den Weg nach Thum zeigend) oder das Donnerwetter soll Dich vollends zerschlagen.« Willig und ohne ein Wort weiter zu erwidern, eilte der für seine Prahlerei so reichlich bezahlte Gerichtsdiener seiner Heimat zu, ohne sich weiter umzusehen und Scharfenstein je wieder zu betreten.

Der Major von Einsiedel, der Rittmeister von Zinsky, der Gerichtsverwalter G., der Pächter Philipp, sowie noch mehrere anwesende Gäste sahen, durch das klägliche Geschrei des Gerichtsdieners und durch das kräftige Accompagnement Stülpners aufmerksam gemacht, diese Szene vom Schlosse aus mit an, und alle, mit Ausnahme des Gerichtsdirektors, der das Gesicht ungeheuer dabei verzog, aber seinem treuen Diener keine Hilfe zu senden wagte, teils aus Furcht vor Stülpnern selbst, teils weil er ihn trotz der dringenden Vorstellung des Majors mitgebracht hatte, freuten sich herzlich, daß der wegen seines brutalen, habsüchtigen Benehmens allgemein verhaßte Gerichtsfrohn seine schon längst verdiente Strafe so reichlich hier erhielt.

So endeten denn alle diese Ereignisse, die, obgleich anfangs so drohend und hinsichtlich der angewendeten Mittel so gefahrvoll für Stülpnern erscheinen mußten, zuletzt doch zu seinem Ruhme und bezweckten endlich für ihn noch das Gute, daß er seit der Zeit von seinen Feinden nicht wieder beunruhigt wurde, da sie wohl einsahen, daß Stülpner nicht mit sich spaßen lasse.

Ueberdies verhielt er sich auch in Bezug auf seine frühere Lebensart seinem Versprechen gemäß ruhig und blieb wie zuvor größtenteils bei seiner Mutter in Scharfenstein, wo er ganz sorglos umherging und von da auch oft Ausflüge in die Umgegend machte. So reiste er während dieser Zeit in seinem Jägerkostüme dreimal nach Chemnitz, wo er in der Regel der Wachtparade seines früheren Regiments ganz nahe beiwohnte und jedesmal seinen alten Gönner, den Major von Gundermann, mit besuchte, von welchem er stets reichlich beschenkt (er erhielt bei jedem Besuch vier Laubthaler) und gut bewirtet, wieder schied, ohne in dem so volkreichen Chemnitz, obgleich er von allen erkannt, verfolgt zu werden.

Inzwischen wurde an seiner Begnadigung von seiten des Majors von Einsiedel und des Rittmeisters von Zinsky, wozu sich noch ein dritter Menschenfreund, der Kammerherr von Nostiz gesellte, thätig gearbeitet. Doch obgleich schon sechzehn Bittgesuche nach Dresden an die Regierung deshalb eingesandt worden waren, so schien doch immer das gehoffte Resultat noch nicht zu erfolgen. Endlich wendete sich Stülpner noch mit zwei Bittschreiben an den würdigen Pater Herz, dem damaligen Beichtvater unseres höchstseligen Königs Friedrich August.

Der Pater Herz antwortete Stülpnern eigenhändig wieder, daß er, was in seinen Kräften stünde, gern zur Erleichterung und Begünstigung seines Geschickes thun wolle, nur müsse er erst die dazu günstige Gelegenheit abwarten. Als daher einst bei der damals noch kurfürstlichen Tafel Friedrich August gut gelaunt war, leitete Pater Herz absichtlich das Gespräch auf Stülpnern und bat um dessen Begnadigung. Da sämtliche anwesende hohe Gäste schon im voraus zu Gunsten Stülpners gestimmt, sich ebenfalls mit für ihn verwendeten und besonders hervorhoben, daß Stülpner durch Mangel an Erziehung, durch Unwissenheit und allerlei Umstände zu seiner unerlaubten Lebensart verleitet worden wäre, er aber durchaus kein gefährlicher Mensch sei, sondern die schönsten Beweise von dem Gegenteil an den Tag gelegt habe, so konnte der stets wahrhaft großmütige und nachsichtsvolle Fürst diesen Bitten nicht länger mehr widerstehen und gab sogleich nach aufgehobener Tafel Befehl, den über Stülpnern geschleuderten Bannfluch aufzuheben.

Wie öffentlich Stülpner früher für vogelfrei erklärt worden war, ebenso öffentlich wurde er aufgefordert, daß er bei einer freiwilligen Rückkehr zu seinem Regimente als Wilddieb nicht weiter bestraft werden solle.

Welche Freude für den Geächteten, als er sich von der Wahrheit dieser Versicherung überzeugen durfte. Ihm war, als wenn sich eine drückende Last von ihm gewälzt, als wenn Sklavenketten seinen Gliedern entfallen wären, da er frei wieder in sein Vaterland zu seinen Verwandten und Freunden zurückkehren durfte.

Ungesäumt verließ Stülpner jetzt die Wohnung seiner Mutter, wo er sich seit der neuen Gestaltung seines Schicksales aufgehalten hatte und eilte in das Stabsquartier seines Regiments, um sich als freiwillig zurückkehrender Deserteur zu melden. Daselbst angelangt, trat er, ohne irgend eine Strafe weiter zu erhalten, wieder in die Reihe seiner Musketiere ein. Mit Eifer und musterhafter Ordnungsliebe unterzog er sich der ihm obliegenden Pflichten und gewann durch ein bescheidenes und stilles Betragen in kurzer Zeit das Vertrauen und Wohlwollen seiner Vorgesetzten, sowie die Liebe seiner Kameraden wieder.

Im gesellschaftlichen Umgange war er zurückhaltend und einsilbig, denn er bemerkte nur zu oft, daß er der Gegenstand der Neugierde war und schlich sich öfters aus der Gesellschaft fort, die um seinetwillen sich versammelt hatte.

Er selbst schwieg stets von seinen Thaten, ob sie doch gleich so viel Aufsehen erregt hatten und nur von seinen Oberen aufgefordert, brachte er es über sich, davon zu erzählen. Weder prahlend noch furchtsam sprach er dann, aber offen und wahr, und gab über manche vorher unbegreifliche Dinge Aufschluß. Vergeblich versuchte man von ihm etwas von seinen Mitschuldigen und den Abnehmern seiner Beute zu erfahren, worüber er stets die größte Verschwiegenheit bewahrte und gewöhnlich mit den Worten das Gespräch abbrach: »Ich habe sie nicht gekannt,« oder: »Ich will und werde sie nicht nennen.«

Ueberhaupt leuchtete aus seinem ganzen Benehmen hervor, daß er einen unerschütterlichen Ernst und eine nicht gewöhnliche Gewalt über sich besaß, sowie eine gewisse Abneigung gegen das Gewöhnliche während seines abenteuerlichen und verhängnisvollen Lebens gewonnen hatte.

Kurz nachdem Stülpner wieder zu seinem Regimente zurückgekehrt war, verehelichte er sich mit der Tochter des Richters Wolf aus Scharfenstein, mit welcher er schon seit mehreren Jahren in näherer Verbindung gestanden, aber wegen seines frühern, unstäten und unerlaubten Lebenswandels die Einwilligung der Eltern zur Trauung nicht erhalten hatte. Jetzt, da er wieder auf freien Fuß gestellt war und sich eifrig bestrebte, durch rege Thätigkeit und treue Pflichterfüllung seine begangenen Vergehen wieder gut zu machen, konnte der alte Wolf (seine Gattin war kurz vorher gestorben) den wiederholten Bitten der Tochter seine Genehmigung zur Verbindung mit ihrem Karl zu geben, nicht länger mehr widerstehen. Stülpners Gattin blieb in der Behausung ihres Vaters, da das geringe Traktement in der Garnison nicht ausreichte, sie hinlänglich versorgen zu können, und beschenkte ihn nicht lange darauf mit einem munteren Knaben.

So schien sich denn das Schicksal, das Stülpnern zeither immer so hart verfolgt hatte, wieder mit ihm auszusöhnen und ihm nach so vielen sturmbewegten und gefahrvollen Tagen wieder heitere Stunden gewähren zu wollen. Denn wenn er sich auch jetzt als Ehegatte und Familienvater oft kümmerlich behelfen mußte, da der geringe Sold kaum für ihn hinlangte und er außer seiner Dienstzeit sich allen möglichen Handarbeiten unterzog, um seiner Familie einiges zufließen zu lassen, so befand er sich doch glücklich in seiner Lage und man hörte nie eine Klage über seine Lippen kommen.

Hierzu kam noch, daß man ihm einige Hoffnung auf Erlangung einer Försterstelle in den weitläufigen Waldungen seines Gerichtsherren unter der Bedingung gemacht hatte, daß er zuvor noch einige Jahre im Militärdienste ausharre und jeden auf ihm ruhenden Verdacht vertilge. Diese für ihn so günstige Aussicht ließ ihn daher jetzt gern alle Mühseligkeiten seiner oft drückenden Lage überwinden.

So waren denn wieder einige Jahre für Stülpner verflossen, ohne daß seine so sehnliche Hoffnung nach einem gewissen Brote sich erfüllt hätte; denn so sehr man sich auch überzeugte, daß Stülpner einen solchen Posten am besten verwalten würde und ganz dafür geeignet sei, so sehr man hoffen konnte, was auch Stülpners ernstlicher Wille war, seine begangenen Fehler durch treue und geschickte Verwaltung einer solchen Stelle in etwas wieder gut zu machen, so blieb doch immer dieser sein inniger Wunsch noch unerfüllt. Denn wenn auch das hier und da noch nicht erloschene Mißtrauen ihm nicht die größten Hindernisse in den Weg legte, so waren es doch die Forstbeamten, die ihn aus leicht zu erratenden Gründen nicht gern auf diese Art angestellt sehen wollten.

Während so sich Stülpner immer noch der täuschenden Hoffnung hingab, bald durch eine lebenslängliche Anstellung der kümmerlichen Sorge für seine Familie, die unterdessen durch die Geburt eines Mädchens vermehrt worden war, überhoben zu werden, türmten sich auf einmal am südlichen Horizonte eine Menge schwarzer Gewitterwolken auf, die durch ihr schnelles Herannahen und Herabstürzen auf unsern vaterländischen Boden so manche schöne Hoffnungen zertrümmerten.

Das Jahr 1806 nämlich war es, wo der Welterstürmer Napoleon mit seinen Siegesscharen auch unser Vaterland heimsuchte und in kurzer Zeit ganz Deutschland damit überflutete.

Unter den 20000 Mann Sachsen, welche im September 1806 in Thüringen einmarschierten, um sich dem linken Flügel des preußischen Heeres anzuschließen, befand sich auch das Chemnitzer Regiment, und unter ihm Stülpner. Auf der Flucht nach der unheilvollen Doppelschlacht von Jena und Auerstädt ward Stülpner, der während der Schlacht als Scharfschütze treue Dienste geleistet hatte, von seinem Regimente versprengt und auf der Retirade nach Weimar gefangen genommen. Mit einer Menge ebenfalls gefangener Preußen wurde er nun von französischen Husaren nach Querfurt transportiert und daselbst auf dem Schlosse in Verwahrung gebracht. Stülpner hatte schon mehrere Tage gehungert und in Querfurt wurde ihm auch nur ein wenig Brot und Wasser verabreicht, er beschloß deshalb auch hier durch die Flucht seiner Gefangenschaft zu entgehen. Vermittelst einiger Stricke, die er sich zu verschaffen gewußt hatte, ließ er sich zwei Tage nach seiner Ankunft in Querfurt während einer stürmischen Nacht mit noch vier anderen Kameraden drei Stockwerk hoch von seinem Gewahrsam herunter und entkam mit seinen Gefährten glücklich bis nach Merseburg, inzwischen aber war die Neutralität Sachsens erklärt worden. Von hier aus nahm er in gerader Richtung seinen Weg in die Heimat zu seiner Familie, die ihn zwar mit großer Freude, aber zugleich auch in Trauer empfing. Acht Tage vor seiner Ankunft in Scharfenstein war seine Mutter in einem Alter von 89 Jahren an Altersschwäche gestorben, ihr innigster Wunsch, vor ihrem Hinscheiden ihren Karl noch einmal zu sehen, war ihr nicht erfüllt worden. Stülpnern betrübte diese Nachricht sehr, hing er doch an der Mutter mit großer Liebe; jetzt besuchte er ihren einfachen Grabeshügel und weihte ihr Thränen wahrer kindlicher Liebe.

Nachdem er sich einigermaßen bei den Seinen in Scharfenstein von den überstandenen Strapazen erholt hatte, ging er nach Chemnitz zu seinem Regimente zurück, das nach der Jenaer Schlacht und nach der erklärten Neutralität Sachsens wieder sein Standquartier, leider sehr geschwächt, bezogen hatte; viele von den braven Musketieren waren in der Schlacht geblieben, viele tödlich verwundet worden.

Nach achtzehnjähriger Dienstzeit forderte Stülpner seinen Abschied, der ihm jedoch nicht gewährt wurde, weil man bei dem nahe bevorstehenden Kriege solche tüchtige Scharfschützen und brave Leute nicht entbehren konnte. Stülpner war hierüber sehr unzufrieden, nahm auf sechs Wochen Urlaub in seine Heimat und da man ihm das Versprechen, nach höchstens vierjähriger Dienstzeit nach seiner freiwilligen Stellung ihn wieder zu verabschieden, nicht gehalten hatte, so glaubte er nun auch nicht so pflichtgetreu handeln zu müssen; er desertierte abermals nach Böhmen, wo er sich in der Nähe von Sebastiansberg auf dem St. Christoph Hammer eine Schenke pachtete und seine Familie dahin nachkommen ließ.

Hier lebte Stülpner fünf Jahre lang in stiller Zurückgezogenheit mit den Seinigen, deren Zahl sich unterdessen noch durch die Geburt eines Knaben vermehrt hatte und befand sich ganz erträglich. Sein abenteuerliches Leben zog immer viele Gäste herbei, die bei dem Anhören seiner Thaten und seiner erlittenen Schicksale beim Bierkruge so manchen Kreuzer sitzen ließen. Mit dem Jahre 1813 zogen die Oesterreicher nach Sachsen gegen Napoleon, Sachsen erließ Generalpardon, was Stülpner veranlaßte mit seiner Familie in seine Heimat Scharfenstein zurückzukehren und seinen Abschied zu fordern, der ihm diesmal auch gewährt wurde.

Im Spätherbste desselben Jahres durchstreiften eine Menge Kosaken, spottweise Bauernkosaken genannt, unser Gebirge, die überall plündernd eindrangen und einstmals auch wohl 200 Mann stark nach Scharfenstein kamen, um alles, was sie fortbringen konnten, mit sich zu nehmen. Auch Stülpners Familie blieb nicht verschont, das Raubgesindel trug ihr sämtliche Habseligkeiten weg. Enrüstet über diese Frechheit eilte Stülpner zwei Nachzüglern nach und warf sie, nach einigen unsanft ausgeteilten Rippenstößen in die Zschopau, um ihnen hier ein russisches Dampfbad zu bereiten. Kurz darauf befreite er das Dorf Grießbach, wo auch eine Menge Kosaken plünderten, mit Hilfe eines ungarischen Husarenunteroffiziers, der auf dem Schlosse Scharfenstein als Salvegarde lag, von diesen Räubern, und hatte sich durch seine längst anerkannte Bravour und Kühnheit einen solchen Ruf erworben, daß er überall in der Umgegend, wo solche Plünderungen verübt wurden, zu Hilfe herbeigerufen wurde und durch seine Geistesgegenwart und derben Fäuste so manche Mißhandlung der armen Einwohner sowie den Verlust ihres Eigentums verhinderte.

Im Jahre 1814 kaufte sich Stülpner ein Haus in Großolbersdorf, welches später seine Tochter besaß, die an den Holzhändler Schönherr verheiratet war. Nachkommen dieses Schönherr, also Enkelkinder und Urenkel Stülpners, leben heute noch in Marienberg, in Lauterbach und in Lauta.

In Großolbersdorf blieb Stülpner 5 Jahre, wanderte dann, von seinem unruhigen Geist immer wieder fortgetrieben, abermals nach Böhmen, wo er sich in Preßnitz niederließ und mit glücklichem Erfolg Paschhandel betrieb.

Stülpner blieb bis zum Jahre 1828 in Böhmen, wo ihn das große Unglück traf, durch den Staar ganz zu erblinden. In dieser für ihn höchst traurigen Lage brachte er bis 1831 zu, wo er sich in Mittweida einer Operation unterwarf, aber nur auf dem linken Auge die Sehkraft wieder erlangte.

Als er im 73. Lebensjahre stand, entwirft Schönberg über seine Persönlichkeit folgende Beschreibung: Stülpner ist zwar noch rüstig und gesund und bietet allen Elementen Trotz, doch seine Hand, vermittelst welcher er sonst seine tödliche Kugel so sicher zu dem verfolgten Ziele sendete, zittert, und seine Sehkraft ist so geschwächt, daß er stets einen Blendschirm tragen muß, und ist deshalb nicht vermögend, durch irgend eine Handarbeit seine kümmerliche Existenz zu fristen. Er besitzt noch alle Zähne, die wohl erhalten sind, und seine Sprache ist, vorzüglich wenn er bei dem Erzählen seiner Thaten in jugendliche Hitze gerät, noch so kräftig und donnernd, daß oft die Fensterscheiben davon erklirren möchten. Ebenso ist seine ganze Haltung noch gravitätisch genug, um mit einer spanischen Grandezza darin wetteifern zu können. Seine Länge beträgt 76 sächsische Zoll und seine braune männliche Physiognomie verrät sogleich das ihm angeborene treuherzige Wesen, aber auch, wenn er gereizt wird, seine leicht aufbrausende Hitze. Die Aussprache Stülpners gleicht dem höhern erzgebirgischen Provinzialdialekt.

In seinem hohen Alter ist Stülpner, da er vollständig erwerbsunfähig geworden war und kein Vermögen besaß, ganz und gar auf die Unterstützung anderer Menschen angewiesen gewesen, doch ist es falsch, wie man hier und da hört, daß er bettelnd umhergezogen und zuletzt im Armenhaus gestorben sei. Unter den Jagdgenossenschaften hatte man an verschiedenen Orten Sammlungen für Stülpner veranstaltet. Herr Pastor Maximilian Lindner in Großolbersdorf schreibt mir: »Der Wilddieb und Abendteurer Karl Stilpner (nicht »Stülpner,« wie sich jetzt die Nachkommen seines Bruders, in Scharfenstein wohnhaft, schreiben), hatte sich zwar gar nichts für sein hohes Alter erspart, aber so oft er sich bei seinem Schwiegersohne hier besuchsweise aufhielt und da schon halb erblindet war, ist er nicht von fremden Leuten unterstützt worden. Sein Lebensabend in Scharfenstein wurde ihm, dem ehemaligen herrschaftlichen Holzwärter, von der immer sehr gnädigen Familie von Einsiedel auf Schloß Scharfenstein, einer stillen Beschützerin, durch ansehnliche Spenden dergestalt erleichtert, daß es ihm an Nahrung und Kleidung nicht mangelte.«

Laut Kirchenbuch zu Großolbersdorf ist Karl Stülpner am 24. September 1841 in Scharfenstein an Entkräftung gestorben und am 27. desselben Monats auf dem Gottesacker zu Großolbersdorf christlich beerdigt worden.

Ueber Stülpners Sohn teilt mir gütiger Weise Herr Pastor Lindner weiter mit: »Stülpners Sohn, in Böhmen geboren, diente als Jüngling von ungefähr 18 Jahren bei Fabrikdirektor Leonhardt in Scharfenstein. Im Jahre 1845 habe ich mit Herrn Leonhardt diesen Stülpner als Soldat in Theresienstadt gesehen. Im Jahre 1875 oder 1876 hat mich dieser Stülpner hier besucht und befand sich in schlechtem Zustande. Wo er sich jetzt aufhält, ist mir unbekannt.«

Ende.